读客中国史入门文库
顺着文库编号读历史,中国史来龙去脉无比清晰!

度阴山讲
《了凡四训》

[明] 袁了凡 著　　度阴山 编著

河南文艺出版社
·郑州·

图书在版编目（CIP）数据

度阴山讲《了凡四训》/（明）袁了凡著；度阴山编著. -- 郑州：河南文艺出版社，2022.5（2025.7重印）
ISBN 978-7-5559-1341-2

Ⅰ.①度… Ⅱ.①袁… ②度… Ⅲ.①家庭道德-中国-明代 ②《了凡四训》-通俗读物 Ⅳ.①B823.1-49

中国版本图书馆 CIP 数据核字 (2022) 第 056213 号

度阴山讲《了凡四训》

著　　者	[明]袁了凡　度阴山
责任编辑	王甲克
责任校对	赵红宙　杨长春
特约编辑	徐贤珉　乔佳晨
封面设计	张　璐
内文装帧	徐　瑾
出版发行	河南文艺出版社
印　　刷	三河市中晟雅豪印务有限公司
开　　本	880mm×1230mm　1/32
印　　张	5.25
字　　数	104 千
版　　次	2022 年 5 月第 1 版　2025 年 7 月第 10 次印刷
定　　价	39.90 元

如有印刷、装订质量问题，请致电 010-87681002（免费更换，邮寄到付）
版权所有，侵权必究

写在前面：
改造命运，心想事成

1533年，袁了凡出生于浙江嘉善，初名表，后改名黄，字庆远。他一开始号学海，1569年遇到云谷禅师后改号"了凡"。后人认为他由此重生，于是称他为袁了凡。

《了凡四训》是袁了凡在1602年写的《训子文》（顾名思义，是写给儿子的），共分为四部分：立命之学、改过之法、积善之方、谦德之效。后来，《训子文》从家训题材外延，成了警醒世人的励志读物。

《了凡四训》到底是不是有上述作用，在读之前，其实完全可以从他本人的经历中得到答案。和许多人一样，袁了凡的人生中也有几个转折点，而他全都把握住了。

第一个转折点发生在1547年，他拜郁海谷老先生为师。在郁老师的教诲下，袁了凡第二年就考中县考。找到启蒙老师，是他人生的一大关键。

第二个转折点发生在1566年，袁了凡被心学大师王阳明的高徒王畿收为弟子，王畿几乎继承了王阳明心学中最精华、最灵动的部分。袁了凡天分极高，在王畿的认真指导下，进步极快。《了凡四训》中诸多让人惊喜的思想其实都是源自阳明心学。正因为有了阳明心学的功底，袁了凡才能在后来的人生中

快速悟道，改天换命。

第三个转折点就是1569年和云谷禅师的相遇相知。从此以后，袁了凡和过去一刀两断，用良知和灵性开辟了崭新的人生道路，这才有了我们今天所见的《了凡四训》。

1586年袁了凡中进士，从此进入仕途。他在仕途上最大的成就大概是他很好地治理了一个县，1592年带兵抗倭。

在人生最后的岁月中，袁了凡到处寻找葬身之所。某次，他听说某地的风水极佳，于是兴冲冲地跑去问当地老农：此地风水如何？老农告诉他："我生长于此地七十余年，只见有人来做坟，不见有人来上坟啊。"

袁了凡如受当头一棒，返家后闭口不提寻找合格坟地的事情，他再一次明白，无论是风水还是命运，本身没有好坏，世间一切好坏，皆由人造。

学习《了凡四训》的目的是改变看似已不可改变的命运，推翻看似不可能推翻的定数。搭配上《了凡四训》中的诸多心法，你就能改造命运，心想事成。

目　录

第一章　立命之学　001

- 1　不为良相，便为良医　003
- 2　命数不是定数　004
- 3　不想和不能是两回事　008
- 4　人人都是被自己算定的　011
- 5　命由我作，福自己求　013
- 6　反省第一　015
- 7　福薄福厚，全在自己　018
- 8　要和天合二为一　020
- 9　上天按每人的福报来加减乘除　023
- 10　从前种种，譬如昨日死；从后种种，譬如今日生　025
- 11　血肉之躯VS道德生命　027
- 12　功过格：人生修行的作业本　030
- 13　不动念，即正念　035
- 14　立命，不能有分别心　038
- 15　修行就两个字：修、等　041
- 16　立命四部曲　043
- 17　取得福报的六种心态　048
- 18　人生的毒药：因循　051

第二章　改过之法　053

- 1　至诚能预知祸福　055
- 2　人要有羞耻心　057
- 3　人要有畏惧心　059
- 4　人要有勇敢心　062
- 5　改过之法一：从事上改　064
- 6　改过之法二：从理上改　066
- 7　改过之法三：从心上改　069
- 8　改错后，有何效验　071
- 9　改过，要持之以恒　073
- 10　有过失的六种表现　075

第三章　积善之方　077

- 1　别只看个人，还要看他的家庭　079
- 2　渡人就是渡己　081
- 3　人要怜悯他人的不易　083
- 4　大众化的善才是最大的善　087
- 5　行善要主动　089
- 6　行善就是做力所能及的事　092
- 7　善报来得很快　095
- 8　为善须穷理　098
- 9　什么是善，什么是恶　100
- 10　什么是直，什么是曲　103

- 11　阴德比阳善更得实惠　　　　105
- 12　行善要遵循的三大原则　　　107
- 13　好心办坏事 VS 坏心办好事　110
- 14　三轮体空是行善的最高境界　113
- 15　一念发动即是行　　　　　　117
- 16　行善从难处开始　　　　　　119
- 17　什么是与人为善？　　　　　121
- 18　爱与敬居住在我心中　　　　124
- 19　成人之美有玄机　　　　　　127
- 20　未受他人苦，不劝他人善　　129
- 21　救急不救穷　　　　　　　　131
- 22　行善莫惧人言　　　　　　　133
- 23　舍的是财，得的是福　　　　135
- 24　护持正法，知行合一　　　　137
- 25　忠孝是大善　　　　　　　　139
- 26　为何要爱惜物命　　　　　　141

第四章　谦德之效　　　　　　　143

- 1　谦是无法破解的阳谋　　　　145
- 2　惟谦受福　　　　　　　　　147
- 3　攻吾短者是吾师　　　　　　149
- 4　谦虚可以改命　　　　　　　151
- 5　为善去恶，就能趋吉避凶　　155
- 6　诚就是谦　　　　　　　　　157

第一章 立命之学

所谓立命，就是彰显与生俱来的良知，脱胎换骨，创造自己崭新的命运。

这命运包含了最美的道德和最高光的人生岁月。我们每个人都秉承天命而来，但天命根本没有注定我们的吉凶祸福。注定我们吉凶祸福的不是老天，而是我们自己。命由我作，福自己求。

我们立命是用行善的方式创造新的命运，这才是真正的遵循天命。从这个角度看，立命才是天命所归，信命则是逆天而行。

要立命，就要从心入手，心存善念，放弃妄念，从而天人合一。我们要反躬自省，放下过去，从当下开始，按照立命的步骤坚持到底。最终你会发现，只要有立命的心和立命的行动，你注定将改变现状，天命所归，非同凡响。

1 不为良相，便为良医

原文

余童年丧父，老母命弃举业学医，谓可以养生，可以济人，且习一艺以成名，尔父夙心也。

译文

我很小的时候，父亲就去世了，母亲要我放弃考取功名的学业而去学医，说学医既能养活自己，也可以帮助他人。而且，精通一门手艺并因此成名，这也是父亲从前的心愿。

度阴山曰

袁了凡的母亲要他放弃参加科举而去学医，这反映了中国古代知识分子家庭的基本思想：读书人要么读书参加科举考试，然后做官，要么去学医，这就是"不为良相，便为良医"。因为这两种职业都是救人性命的，良相用法度救人，医生用医术救人。元朝的儒家知识分子戴良认为："医以活人为务，与吾儒道最切近。"

袁了凡只用了区区几十个字就把中国士人的良知自然而然地白描出来。

2 命数不是定数

> 原文

后余在慈云寺，遇一老者，修髯伟貌，飘飘若仙，余敬礼之。语余曰："子仕路中人也，明年即进学，何不读书？"

余告以故，并叩老者姓氏里居。曰："吾姓孔，云南人也。得邵子①皇极数正传，数该传汝。"

余引之归，告母。母曰："善待之。"试其数，纤悉皆验。余遂启读书之念，谋之表兄沈称，言："郁海谷先生，在沈友夫家开馆，我送汝寄学甚便。"

余遂礼郁为师。

孔为余起数：县考②童生，当十四名；府考③七十一名，提学考④第九名。明年赴考，三处名数皆合。复为卜终身休咎，言：某

---

① 邵子：北宋人邵雍（1011—1077），字尧夫，谥康节。邵雍是宋明理学的先驱，同时，他还是中国历史上最伟大的占卜师。他以《易传》为基础，以象数为中心，创立先天易学，并在此基础上，用元（129600 年为 1 元）、会（每元 12 会）、运（每会 30 运）、世（每运 12 世）等时间概念推算出了天地的演化和历史的循环，这些思想都在他的《皇极经世书》中。确切地说，邵雍既能占卜鸡毛蒜皮的人间小事（比如邻居来敲门，他就能占卜出人家来借斧子），又能推算出天地万物之生命运程。

② 县考：即县试。由知县主持的考试，试期多在二月。

③ 府考：即府试。科举制度中由府一级进行的考试，试期多安排在四月。

④ 提学考：即提学试。因考试由提学道主持，故称提学试。提学道，学官名，专管地方教育文化的最高行政长官。

年考第几名，某年当补廪①，某年当贡，贡后某年，当选四川一大尹，在任三年半，即宜告归。五十三岁八月十四日丑时，当终于正寝，惜无子。

余备录而谨记之。

自此以后，凡遇考校，其名数先后，皆不出孔公所悬定者。独算余食廪米九十一石五斗当出贡；及食米七十一石，屠宗师即批准补贡，余窃疑之。

后果为署印杨公所驳，直至丁卯年，殷秋溟宗师见余场中备卷，叹曰："五策，即五篇奏议也，岂可使博洽淹贯之儒，老于窗下乎！"遂依县申文准贡，连前食米计之，实九十一石五斗也。余因此益信进退有命，迟速有时，澹然无求矣。

译文

后来在慈云寺，我遇到一位老人，相貌非凡，长须飘飘，如同神仙，我对他很是恭敬，并以礼相待。老人问我："你应是官场中人，明年就可以考中秀才，现在为何不读书呢？"

我就把母亲叫我放弃读书而学医的事情告诉他，并且询问他的姓名、籍贯。老人回答："我姓孔，云南人。我得到北宋时期邵雍先生皇极数的真传，命中注定应该传给你。"

于是，我就领了这位孔先生到我家，将事情原委告知母亲。母亲告诉我："要好好对待老先生。"我们多次试验他的占卜之术，事无大小都能应验。我于是动了读书的念头，和我表哥沈称商量，表哥说："郁海谷先生在沈友夫家里设馆教书，我

---

① 补廪：明清科举制度，生员经岁、科两试成绩优秀者，增生可依次生廪生，称为"补廪"。

送你去他那里读书，这样非常方便。"

于是我便拜郁海谷先生为老师。

孔老先生有一次替我推算命里所注定的数。他说："在你没有取得功名做童生时，县考应该考第十四名，府考应该考第七十一名，提学考应该考第九名。"第二年，我去考试，果然三处考试所考的名次和孔先生所推算的一样。孔先生又替我推算终生的吉凶祸福，哪一年考取第几名，哪一年应当补廪生，哪一年成为贡生，在哪一年应当被选为四川一个县官，在做县官三年半后，便该辞职回老家。到五十三岁那年的八月十四日丑时，就会寿终正寝，可惜我命中没有儿子。

这些话我都一一记录了下来，牢记心中。

从此以后，凡是碰到考试，所考名次都与孔先生预先所算定的一样。唯独算我做廪生领到九十一石五斗廪米的时候才出贡，有些偏差：我吃到七十一石廪米时，屠宗师就批准我补了贡生。当时，我怀疑孔先生推算得有些不灵了。

可后来，我的补贡生资格被代理提学的杨大人驳回，不准我补贡生。直到1567年，殷迈先生看见我在考场中的"备选试卷"，慨叹道："这本卷子所作的五篇对策，竟如同给皇上的奏议一样。像这样渊博而明理的读书人，怎么可以让他埋没到老呢？"于是便按当初屠宗师的意思，准我补了贡生。经过这番波折，我又多吃了一段时间的廪米，算上之前所吃的七十一石，总计是九十一石五斗。我因受了这番波折，就更相信：一个人的进退浮沉，都是命中注定，而运气的有无、迟早也都有定数，所以我把一切都看淡，无欲无求了。

> 度阴山曰

袁了凡遇到的孔先生真乃神佛下凡，推算竟能精确到考试的名次，无论是谁都深信不疑。中国古人对算命有着狂热的信仰情感。有一种观点指出，人之所以相信算命，是因为算命大师在替天讲话。天和人不同，天不会撒谎，所以当我们算命时，其实是我们在询问苍天，而得到的答案一定是确凿无疑的。

正因此等思维，中国古人特别重视命数和运数，于是才有"一命二运三风水，四积阴功五读书"的人生信仰。而通过后天不懈努力成为"半个圣人"的曾国藩临终遗言居然是"不信书，信运气"，可见命运注定之看法，影响深远。但是，绝大多数信命的人，都认为自己命不好，或者假装不好。所以你常常能听到"我的命怎么这么苦"的哀叹，也能听到"人间不值得"的矫情。

袁了凡在人生初期也抱有这种看法。那么这种迷信命运注定的看法是否正确呢？

我们知道，所有人都无法选择出身，有人一出生就享受荣华富贵，有人则出生即贫贱，这就是命，这就是命数。有人天生就运气不佳，出生就病魔缠身，可能终生都在痛苦煎熬中；而有人则健康一辈子。有人勤奋努力，始终无法发家致富；有人闭着眼睛都能撞进风口。这就是运，这就是运数。

东汉大儒王充说，每个人都有属于自己的命运，从出生那一刻就已注定，你想改变，根本不可能。

这些论断只是部分正确。我们固然要对命运报以虔敬之心，因为没有命运就不可能有我们，然而命数、运数不等于定数。命运虽然注定了一些事，但我们可以通过一些方法改天换命。

命数不是定数，我命由我不由天。

第一章 立命之学

3
不想和不能是两回事

【原文】

贡入燕都，留京一年，终日静坐，不阅文字。己巳归，游南雍，未入监，先访云谷会禅师于栖霞山中，对坐一室，凡三昼夜不瞑目。

云谷问曰："凡人所以不得作圣者，只为妄念①相缠耳。汝坐三日，不见起一妄念，何也？"

余曰："吾为孔先生算定，荣辱生死，皆有定数②，即要妄想，亦无可妄想。"

云谷笑曰："我待汝是豪杰，原来只是凡夫。"

【译文】

我当选贡生后，就在京城的国子监读书。我在京城待了一年，每天都静坐不动，也不读书。己巳年（1569）我回到南京，在进南京国子监之前，我先去栖霞山拜访了得道高僧云谷禅师。我和他静坐在一间禅房里，三天三夜都没有合眼。

云谷禅师问我："人之所以不能够成为圣人，只因有妄念在心中不断地纠缠。而你静坐三天，我不曾见你产生一个妄念，这是

---

① 妄念：虚妄的意念。佛教意为凡夫贪着六尘境界的心。
② 定数：一定的气数、命运。

什么缘故呢？"

我回答他："孔先生已经算好我的命了，我何时得意，何时失意，何时生，何时死，都成定数，无法改变。即使我有妄念，那也没有什么可以想的了。"

云谷禅师大笑，说："我以为你是个了不起的豪杰，谁承想，你原来是一个庸庸碌碌的凡夫俗子啊。"

度阴山曰

云谷禅师（1500—1575）幼年出家，是个高僧大德。能有《了凡四训》这本书，云谷禅师功不可没。接下来，就是他一个人表演的高光时刻。

按云谷禅师的看法，人若想成为圣人，必须祛除妄念。大多数人无法成为圣人，就是因为妄念太多，作茧自缚。

什么是妄念？妄念就是不切实际和不正当的想法。贪恋世间荣华富贵是不正当，执着于生老病死是不切实际。这些想法总在我们心中不断升起和牵扯，念念不断，于是烦恼不尽。

倘能抛掉妄念，就可心如止水，表现在行为上即可静坐如山。因此，那些圣人都是可以长久静坐的人，儒家甚至把时间一分为二，一半读书，一半静坐。

圣人能长久静坐，静坐又能锻炼人的意志，让人抛掉妄念，心静如水，这是个正循环。正因为这套逻辑，云谷禅师才认为三天三夜不起一个妄念的袁了凡已进入圣人境界。

但袁了凡很惭愧地告诉他，自己没有妄念是因为想也无用，命运早被注定了。

云谷禅师当时肯定特别尴尬。

当然，云谷禅师毕竟是拥有智慧的高僧，他马上不再纠结袁了凡是否为圣人的问题，而是跳出来，讥讽袁了凡是凡夫俗子。

他的理由是：凡是认命的人都是凡夫俗子，不值得同情。认命不是"命里有时终须有，命里无时莫强求"的乐观与洒脱，而是承认我们无法左右自己，是另一种悲观与消极心态。

或许有人认为，认命就能如袁了凡那样步入"此心不动"的至高境界，知道了人生模样，随波逐流便是，人生也就少了许多焦头烂额的思考。可这种状态不是袁了凡主动追求来的，而是被动得到的，看上去相似，内核却大不相同。主动修行而来的此心不动，是心不被动；被动得到的此心不动，是刻意强制心不动。一个有生命，一个如死灰。

4 人人都是被自己算定的

原文

问其故？

曰："人未能无心①，终为阴阳所缚，安得无数？但惟凡人有数；极善之人，数固拘他不定；极恶之人，数亦拘他不定。汝二十年来，被他算定，不曾转动一毫，岂非是凡夫？"

译文

我问他原因。

他回答："人不可能没有妄想之心，于是终究被天地束缚，怎么能没有定数呢？但只是凡夫俗子有定数；极善的人，定数本就无法拘束他；极恶的人，定数也仍然无法拘束他。你二十年来的人生，都被孔先生算定，没有一丝一毫的更动，岂不是一个凡夫俗子？"

度阴山曰

云谷禅师这段回话包含以下三大信息。

首先，人只要有妄想之心，就会受到天地的束缚，于是就有

---

① 心：妄想心，与"妄念"同义。

定数。迷了就有定数，开悟就没有定数。何谓迷？对一切都有执着就是迷，执着于功名利禄，执着于美色美食，这都是迷。一迷注定被环境所限，如同被牢笼当头罩下，自然不得自由，活成了凡夫俗子。

其次，有两种人是违背定数法则的，一种是特别善良的人，一种是特别恶的人。特别善良的人，即使命数注定很差，可由于他努力行善，善的力量就把他命数的苦变成了乐，把贫贱短命变成富贵长寿。也就是说，虽然有些人的命数是注定的，却能通过行善改变命数。特别恶的人即使注定要享福，但他作了极大的恶，邪恶的力量扭曲了他的定数，使他命数的富贵长寿变成了贫贱短命。有句话叫人能胜天，其实就是我们能通过行善或者为恶改变定数。

我们冲破定数定律的办法只有两个：为善与为恶。但任何头脑稍微清醒的人都不会采用第二种方法，几乎所有人在知道了打破定数的这两种方法后都会选择为善。

最后，云谷禅师说袁了凡等于白活了二十年。因为这二十年来袁了凡就如同孔先生的傀儡一样，或者如中了孙悟空的定身咒一样，心灵上一毫都动弹不得，犹如一潭死水。

这种人就是典型的凡夫俗子。世间很多人虽不像袁了凡那样被孔先生算定，却被比孔先生更强大的自己算定。

什么是被自己算定？归根结底四个字：知行不一。

太多的人知行不一：知道了却不去行动，或者是知道和行动没有保持一致，最终导致人生没有希望，陷入佛系人生，让自己进入躺平的世界，凡夫俗子就此塑造完成。

5 命由我作，福自己求

原文

余问曰："然则数可逃乎？"

曰："命由我作，福自己求。诗书所称，的为明训。我教典中说：'求富贵得富贵，求男女得男女，求长寿得长寿。'夫妄语乃释迦大戒①，诸佛菩萨，岂诳语欺人？"

译文

我问云谷禅师："人真可以逃脱命运的安排吗？"

云谷禅师回答："每个人的命运都是由自己设定的，福也要向自己求。这是诗书中所说的，确实是至理名言。我们佛教经典中说：求富贵的就能得到富贵，求儿女的就能得到儿女，求长寿的就能得到长寿。说谎是佛家的大戒，哪有佛祖、菩萨还会说假话、欺骗人的呢？"

度阴山曰

想要逃脱命运不公的安排，首先要知道一句口诀：命由我作，福自己求。这八个字，就是美好人生的咒语，默念并身体力

---

① 释迦大戒：此处指佛教中的五条戒律，一不杀生，二不偷盗，三不淫欲，四不妄语，五不饮酒。

行,你的命运将光芒万丈。

所谓"命由我作",就是指命运掌控在我们自己手中;所谓"福自己求",就是我们的福气是靠求助自己而非求助别人得到的。这八个字可以归纳为一句话:凡事只在心中求。通俗而言,人只能靠自己,因为人只有求助自己时才会百分之百地得到回应。按云谷禅师的说法,在此时,我们求富贵就能得到富贵,求儿女就能得到儿女,求长寿就能得到长寿,可谓心想事成,无所不能。

《诗经》中说:"自求多福。"意思是,更多的福气须求助自己才能得到。我们为什么说"命由我作,福自己求"?因为在这个世界上我们唯一能掌控的东西有且只有一个,那就是我们的心。除此以外,我们什么都掌控不了。所以,我们必须要在唯一能掌控的事物——心——上下功夫才有益。凡事只需心中求,也只能心中求,就是我们每个人最善于也只能如此做的根本原因。

我们如何求助自己而获取更多的福呢?唯一的办法就是修善,把我们的善言善行毫不保留地释放出去,让更多的人得到它。当更多的人得到它时,就会反馈给我们,以善换善。

当然,自求多福,是因为施比受更有福,我们在施舍的过程中内心是愉悦的,内心愉悦本身就是福。

我们若想得到富贵,那就要先帮助别人得到富贵,如此自己才能富贵;我们若想得到儿女,就必须爱护别人的儿女,如此自己就能得到儿女;我们若想得到长寿,就要心宽仁慈,因为这是长寿的关键,如此我们才能得到长寿。

也就是说,你想要得到的福报,其实都在你自己心上;命运安排的一切,不在老天,而在你身上。你若用心行善,就能改天换命,心想事成。因为命由己造,福自己求。

6 反省第一

原文

余进曰:"孟子言:求则得之①。是求在我者也。道德仁义可以力求;功名富贵,如何求得?"

云谷曰:"孟子之言不错,汝自错解耳。汝不见六祖说:'一切福田,不离方寸②;从心而觅,感无不通。'求在我,不独得道德仁义,亦得功名富贵;内外双得,是求有益于得也。若不反躬内省,而徒向外驰求,则求之有道,而得之有命矣,内外双失,故无益。"

译文

我进一步说:"孟子说,求取的就能得到。这是说求取那些可以由我做主的东西。所以道德与仁义可以努力求取,但功名富贵怎么求取呢?"

云谷禅师说:"孟子的话并没错,只是你理解错了。你没听

---

① "求则得之":语出《孟子·尽心上》。原句为"求则得之,舍则失之"。大意是,仁、义、礼、智并非从外面求得,而是我与生俱来,于是求就能得到,舍弃就会失掉。
② "一切福田,不离方寸":语源六祖慧能《坛经》。福田,佛教认为供养布施,行善修德,能受福报,好像是播种庄稼,春播秋收;方寸,指的是我们的心。

六祖慧能说，一切行善修德的福田，都离不开自己的方寸之心；如果从心上去寻觅，所有感官没有不相通的。求取由我做主的东西，却不只得到道德和仁义，也可以得到功名富贵；内在修养和外在价值都能得到，这样的求，才是有益于获得的探求。可如果不能反省，徒劳地向外部世界求索，那就要听天由命了，而且内在修养和外在价值都会失去，这种求取是无益的。"

度阴山曰

孟子曾说过，只要你用心求，就能轻易得到道德和仁义。孔子说得更绝对：只要我想要仁，仁就立刻来（我欲仁，斯仁至矣）。

两位儒家宗师为何如此自信？因为道德和仁义就在我们身上，我们只要一求，它就能出来。但不是我们身上的东西，好比功名富贵，那能轻易求到吗？比如我就想给自己定个小目标——赚一个亿，可这一个亿必须有人给我（因为它不在我心上），我才能得到啊。

云谷禅师的说法是，孟子的话不错，但袁了凡理解错了。六祖慧能大师曾说过：所有的福田都在人的心里。福离不开心，心外没有福田可寻。种福种祸，全在己心。所以，只要从心里去求福，就一定能求到。当然，你求祸也是从心中求。

这段话的深意是，我们每个人一来到世界上，心中就被放入了许多福田，福田中有仁义道德，还有功名富贵。

就是说，我们人生中得到的功名富贵并非外来，而是我们内心本有。我们命中注定有多少功名富贵，需要主动求，才能得到。大多数人"内外双失"，归根结底在于不知反省。所谓反省，就是"行有不得，反求诸己"，即对做过的事情进行全方位复盘，找到问题所在。

中国儒家学派尤其重视反省，他们始终坚信遇到问题回到内心找原因，是解决问题的办法。因为任何事都是由人通过心做出来的，无心则无事，有事了回去找心即可。

我们要经常和自己的心对话，通过反省让心达到一种状态，这种状态就是"心安"。心安就是福田！

反省能让人进步。有些人遇到问题总是指责心外的人和物，寻找替罪羊。当我们总是寻找替罪羊时，就不会再去寻找问题的真相，你找到替罪羊后认为问题解决了，然而下次还会出问题。所以说，总是把问题推给心外的事物，那就等于拒绝了思考，堵塞了你进步的通道。

7 福薄福厚，全在自己

原文

因问："孔公算汝终身若何？"

余以实告。

云谷曰："汝自揣应得科第否？应生子否？"

余追省良久，曰："不应也。科第中人，有福相，余福薄，又不能积功累行，以基厚福；兼不耐烦剧，不能容人；时或以才智盖人，直心直行，轻言妄谈。凡此皆薄福之相也，岂宜科第哉。"

译文

云谷禅师问我："孔先生给你算的一生是什么样的？"

我告诉他实际情况。

云谷禅师问："你扪心自问应该科举得到功名吗？应该有儿子吗？"

我反省了许久，说："我不应该得功名，也不应该有儿子。因为有功名的人都有福相。但我福薄，又不能修行积德，建立厚福的根基；又不能忍受琐碎繁杂的事情，也不能宽容别人。我常常因为自己的才干、智力胜过别人，就会心里想怎样就怎样做，说话随意，不加考虑。这些都是薄福的相，怎么会有功名呢？"

> 度阴山曰

第四段是袁了凡对自己为什么不应该得功名的分析，主要有以下四点：第一，没有积累功德；第二，没有意愿去做烦琐的事；第三，无法包容别人，心胸有待开阔；第四，自以为是，言语刻薄，嘴上没个把门儿的。

袁了凡所说的不能得到功名者的这四点，其实是大多数人的写照。我们总能在历史和现实中看到这种人：很少行善；好易恶难，所以一事无成；心胸狭窄；自命不凡，知行不一，尖酸刻薄。

这种人，不但无法得到功名，就连在这个社会上生存下去都异常困难，所以袁了凡说拥有这四种行为特征的都是福薄之人。那么也由此可知，所谓福薄福厚还真不是命中注定的，大多数时候都是由我们后天的种种行为导致的。

比如很多福厚之人，都能善知善行，对正确的事往往可以迎难而上，在人生中始终能做到对人对事宽容。他们谦虚谨慎，永远用纯粹的内心保持着脸上的美好微笑。大家都喜欢这种人，老天也喜欢这种人，自然会让他成为福气极好的人。

虽然这是袁了凡分析自己无法获取功名的原因，但其实我们每个人人生成就的高低何尝不是与自己有关？福薄福厚，全在自己，人生成就的厚薄，更是如此。

8 要和天合二为一

原文

"地之秽者多生物,水之清者常无鱼;余好洁,宜无子者一;和气能育万物,余善怒,宜无子者二;爱为生生①之本,忍为不育之根;余矜惜名节,常不能舍己救人,宜无子者三;多言耗气,宜无子者四;喜饮铄精,宜无子者五;好彻夜长坐,而不知葆元毓神,宜无子者六。其余过恶尚多,不能悉数。"

译文

"土地中越脏的地方越能生长万物,清澈的水中常常没有鱼。我喜欢干净,这是我不应该有儿子的第一个原因;天地间的和气能生育万物,我却容易发怒,这是不应该有儿子的第二个原因;对万物的爱是天地生生不息的根本,残忍是不能化育的缘由,我却因为爱惜名声和节操,所以无法做到舍己救人,这是不应该有儿子的第三个原因;讲话多会耗费精力,这是不应该有儿

---

① 生生:生生之谓易,如果说《易经》是中国儒家群经之首,代表了中国传统思想的最高峰,这二字就是中国传统思想的精华。"生生"指的是生命繁衍,孳育不绝。第一个"生"是生命本体,第二个"生"是功用与趋向。两个字是"体用合一""体用一源":功能与趋向无法脱离生命本体,而本体如果没有功能与趋向,也无生命可言。二者本就是一回事。举个简单的例子:流水。水本身是生命本体,它流动是功用与趋向,二者无法分离,二者本就是一回事。

子的第四个原因；喜欢喝酒会消耗精气，这是不应该有儿子的第五个原因；喜欢彻夜长坐，而不知保养元气，养育心神，这是不应该有儿子的第六个原因。其他的过失和恶行还有很多，我不能一一指出。"

度阴山曰

袁了凡对自己注定不应该有儿子的六条反省，乍一看让人摸不着头脑。若想搞懂这段，就必须先搞懂两个问题。

第一，古人对生儿子这事非常看重，儿子可以传宗接代，可以延续血脉。在古人看来，一个人如果生了儿子，就是上天和祖宗对自己的厚爱，一定是自己积累了无数阴德和善行才有此好报，所以，生儿子绝对是好命的标志之一。

第二，天人合一。所谓"天人合一"，一方面是天和人都要努力；另一方面则是人要按照天的规律行事，否则就是天人隔离。天人一旦分道扬镳，那生儿子这种天大的福气就不会落到自己头上。

明白了这两点，袁了凡反省不应该有儿子的六条原因，也就一目了然了。

我们依次来分析。

第一条，土地越脏（这个脏指的是泥土肥沃）越生万物，水越清澈越没有鱼，这是上天制定的规则。所以当人在品德上过于高洁，就会对别人求全责备、不近人情；对别人求全责备、不近人情，就违背了天意；违背了天意就是天人隔离，所以老天不会给他孩子。

第二条，天地之间要靠温和的日光，和风细雨的滋润，万物才能欣欣向荣。袁了凡常常生气发火，缺少和气，又造成了天人不一。

第三条，仁爱是万物生生不息的根本，若是没有慈悲、心怀残忍，就是断绝了生命。而袁了凡平时只知爱惜自己的名节，遇到不义之事，从不肯帮助别人，积些功德，这就是不仁，老天当然不会给这样的人孩子。

第四条，天地沉默寡言，只知积攒元气，袁了凡却是个话痨，讲起话来滔滔不绝，耗损许多元气，由此身体很差，不可能有儿子。

第五条，天地靠精、气、神生万物，人靠精、气、神活命；而袁了凡酗酒，总是消散精、气、神。一个人没有精、气、神，怎么可能有儿子？

第六条，天有白天和黑夜，人也应该日出而作，日落而息。而袁了凡常常整夜不睡，只知静坐，不能保养元气，老天想给这种人儿子，这种人也生不出来啊。

所以这段袁了凡的自我反省的文字，表面看是在反省自己为什么没有儿子，其实他反省的是做不到天人合一的祸患，岂止是生不出儿子的麻烦呢！

9
上天按每人的福报来加减乘除

原文

云谷曰:"岂惟科第哉。世间享千金之产者,定是千金人物;享百金之产者,定是百金人物;应饿死者,定是饿死人物;天不过因材而笃,几曾加纤毫意思①。即如生子,有百世之德者,定有百世子孙保之;有十世之德者,定有十世子孙保之;有三世二世之德者,定有三世二世子孙保之;其斩焉无后者,德至薄也。"

译文

云谷禅师说:"岂止科举功名如此,其他事情也如此。这个世上能够拥有千金产业的,一定是享有千金福报的人;拥有百金产业的,肯定是享有百金福报的人;应该饿死的,一定是本该饿死的人。上天不过是按照每人原本的福报来进行,没有加过一丝一毫的私意。生儿子也是如此,积累了百世功德的人,就一定有百世的子孙来承继香火。积了十世功德的人,就一定有十世的子孙来继承香火。积了三世或者两世功德的人,就一定有三世或者两世的子孙来承继他的香火。那些绝后的人,只是他功德极薄的缘故啊。"

---

① 意思:在中国传统思想,尤其是新儒家思想(理学和心学)中,"意思"这两个字,多指私意或者是人欲。

> 度阴山曰

袁了凡自我反省、自我总结和自我评析后,云谷禅师给出总结说:科考功名、生儿子与人生中其他事一样,靠的是福报,有福报才能有功名、有儿子。那么,福报是怎么来的呢?

云谷禅师的解释是,福报是你和你的祖宗积累的功德。老天就是把通过功德所获取的福报给予你和你的家族,功德的多少就是福报的大小。

比如有人的福报特别大,那他就能享受千金产业,就能有百世子孙;而有人的福报比较小,那就只能享受百金产业,只能有三世子孙;甚至有人连一世子孙的福报都不能享受;更惨的是,有人可能会因为没有福报而饿死。

表面上看,你和你家族中的人得到的福报是上天安排给你们的,但其实福报的主动权还是在你们手中。你积累的功德多,上天安排给你的福报就多;你积累的功德少,上天安排给你的福报就少。

那么问题来了,如果我要得到厚重如泰山般的福报,那靠我一个人是不可能做到的,必须要我的整个家族同心协力积累功德才能成功。可我能保证自己积累功德,但我无法保证我的祖宗一定能积累功德,此时该怎么办?恐怕没有好办法。因为你无法改变过去,无法改变自己的祖宗做了什么。但你可以改变现在,为了你和你的后代,你要积累功德,这样才能给你和你的后代带来尽可能多的福报。

10

从前种种,譬如昨日死;
从后种种,譬如今日生

原文

"汝今既知非,将向来不发科第,及不生子之相,尽情改刷;务要积德,务要包荒,务要和爱,务要惜精神。从前种种,譬如昨日死;从后种种,譬如今日生:此义理再生之身。"

译文

"你既然知道自己的问题,那就应该把你从前不能得到功名,以及没有儿子的种种福薄之相,全心全意地改正。要积德,要宽容,要对人和气慈悲,更要爱惜自己的精、气、神。从前的一切,譬如昨日,已经死了;以后的一切,譬如今日,刚刚新生。这就是超越命数的义理再生的新身体。"

度阴山曰

如果评选中国古代十大名句,"从前种种,譬如昨日死;从后种种,譬如今日生"绝对榜上有名。当然除了它本身有名气、有韵味、有道理,还和它的一位粉丝有关。这位粉丝就是曾国藩。据说曾国藩当年看到这句话时,醍醐灌顶,差点儿悟道,后来甚至为自己改名为"曾涤生"。

曾国藩由这句话还衍生出了一句话，可谓解决我们人生痛苦，消除焦虑、情绪低落的灵丹妙药。这一句话就是：物来顺应，未来不迎，当时不杂，既过不恋。

这十六个字的意思是人生在世要顺其自然，不要对没有发生的事过于焦虑，也不要对发生过的事反刍式地回想。要懂得活在当下，因为我们唯一能掌控的时间就是当下，如果不关注当下，那过去、未来全为泡影。只有你关注了当下，过去才真正地过去了；也只有你关注了当下，认真地活在当下，未来才有可能因你在当下打好的基础而变得美好。

心学大师王阳明也说过，过去未来思来想去有什么益处？只不过耗费精、气、神而已。关注当下，才是长生久视之道。什么叫关注当下？就是过好当下。怎样过好当下？不过是该吃吃、该睡睡而已。

许多人无法过好一生，原因只有一个：始终活在从前和将来，永远不活在当下。人最有效、最幸福、最值得的活法就是云谷禅师的这句话：从前种种，譬如昨日死；从后种种，譬如今日生——从前的事，已和你无关，你要和它一刀两断，从现在开始，你要另起炉灶，洗心革面；将来的事，都从现在算起，从新开始，从心开始。

这句话还告诉我们：一个人无论犯了多大错误，只要从现在开始改正，那从前的一切都如死去一般，美好的将来就从当下开始。世界上最笨的人，其实就是那些从前种种不死的人。

11 血肉之躯VS道德生命

> 原文

"夫血肉之身,尚然有数;义理之身,岂不能格天①。《太甲》曰:'天作孽,犹可违;自作孽,不可活。'②《诗》云:'永言配命,自求多福。'③孔先生算汝不登科第,不生子者,此天作之孽,犹可得而违;汝今扩充德性,力行善事,多积阴德,此自己所作之福也,安得而不受享乎?

"《易》为君子谋,趋吉避凶;若言天命有常,吉何可趋?凶何可避?开章第一义,便说:'积善之家,必有余庆。'④汝信得及否?"

余信其言,拜而受教。

---

① 格天:感通上天。格,接近、感应之意。
② "天作孽,犹可违;自作孽,不可活":语出《尚书·太甲中》。意思是,天降的灾害,还可以逃避;自惹的罪孽,无法逃脱。
③ "永言配命,自求多福":出自《诗经·大雅·文王》。原句为:"无念尔祖,聿修厥德。永言配命,自求多福。"意思是,感念你祖先的意旨,修养自身的德行,长久地顺应天命,才能求得多种福分。"尔祖"指的是周文王,这是一首夸耀周文王的诗,希望周文王的后代好好做。
④ "积善之家,必有余庆":出自《易·坤》。原句为:"积善之家,必有余庆;积不善之家,必有余殃。"指的是,修善积德的个人和家庭,必然会有更多的吉庆;作恶坏德的,必然会有更多的祸殃。

译文

"血肉之躯，尚且还有定数；义理的、再生的道德生命，还不能感动上天？《尚书·太甲》上说：'上天作孽，还可以挽回；自己作孽，肯定在劫难逃。'《诗经》也讲：'人应该配合天命来行事，只有求助自己才能求取更多的福。'孔先生算你不得功名，命中无子，虽说是上天注定，但其实还可以改变。你只需将本来就有的道德天性扩充起来，多做善事，多积阴德。这是你自己所造的福，哪里会得不到享受福报的机会呢？

"《周易》是为君子谋划人生的，要谋求安利，避开灾难。如果说上天注定的命运无法改变，那吉利怎能谋求？灾难如何避开？《周易》的开篇就说：'积累善行的人家，一定有大福报。'你信吗？"

我当然相信他的话，对他拜谢受教。

度阴山曰

按云谷禅师的看法，世间每个人都能做到《周易》所提倡的趋吉避凶。如果能做到趋吉避凶，就说明上天注定的命运是可以改变的。不过，千万不要认为我们真可以改变上天赋予我们的这副血肉之躯。血肉之躯是无法改变的，它来到这个世界上时是什么样那就是什么样。

这条道德生命并非老天注定，而是由我们自己来决定。我们可以通过接受道德教育、自我管理和与生俱来的良知得到这条命。

这条道德生命并不完全依赖于上天赋予我们的肉体生命，如果我们拥有了这条道德生命，那么即使血肉之躯的生命消失，道德生命仍然会留在世间，为后人所敬仰。

虽然道德生命不依靠血肉之躯的生命，然而它却能仁义地给血肉之躯带来好处，当你拥有道德生命时，它就可以让你的血肉之躯逢凶化吉，可以让你远离灾难，得到更多的幸福。

人人都知道，情绪会导致病痛，而情绪的好坏在很大程度上是道德生命的责任。当我们扩充自己的道德修养，努力去行善事，积累更多的阴德，彰显人性中的善良，致良知于万事万物时，道德生命就强壮无比，生气勃勃。它会让我们始终保持着良好的情绪，而良好的情绪是保证人身体健康、身心俱佳的重要因素。

12 功过格：人生修行的作业本

原文

因将往日之罪，佛前尽情发露，为疏一通，先求登科；誓行善事三千条，以报天地祖宗之德。

云谷出功过格示余，令所行之事，逐日登记；善则记数，恶则退除，且教持《准提咒》[1]，以期必验。

译文

于是将从前的过错，在佛前淋漓尽致地揭露，还写了一篇文字，祈求能得到功名；又发誓做三千件善事，来报答天地祖宗的大恩大德。

云谷禅师就拿了功过格给我看，叫我把做过的事，无论善恶，每天都登记在功过格上；善的事就增加数字，恶的事就减去数字。而且教我念诵《准提咒》，以期待其必然应验。

---

[1]《准提咒》：全称佛母准提神咒。咒文为："南无飒哆喃，三藐三菩陀，俱胝喃，怛侄他，唵，折戾主戾，准提娑婆诃。"据说持满九十万遍，能灭十恶五逆四重诸罪，增福寿，消诸灾病；诵满四十九日，可遂求智慧神通、消灾诸愿；依法立坛诵满百万遍，便得往生净土历事诸佛，得证佛果。

度阴山曰

功过格是道教中道士自记善恶功过的一种簿册，目的是自我反省、提升自己；后在民间流传，继而成为中国古代知识分子道德修行的课后练习册。

功过格的具体做法是列出有功的内容和有过的内容，功的内容打正分，过的内容打负分，每月做一次小结，每年做一次大型总结。年终总结时，如果功过数字相抵后是正分，那就说明有进步，反之就是退步，真修行的人此时肯定要抽自己几百个嘴巴，然后暗暗发誓明年要变成正分。

不同人的功过格的内容不同，但大致思路相同，功的内容肯定要符合人性和世俗道德，过的内容一定是违背了人性，犯下大多数人无法原谅的错误。我们来看看云谷禅师的功过格，即可知道这种思路（百功、百过就是100分的意思，以此类推）。

准百功：

救免一人死。完一妇女节。阻人不溺一子女。为人延一嗣。

准五十功：

免堕一胎。当欲染境，守正不染。收养一无倚。葬一无主骸骨。救免一人流离。救免一人军徒重罪。白一人冤。发一言利及百姓。

准三十功：

施一葬地与无土之家。化一为非者改行。度一受戒弟子。完聚一人夫妇。收养一无主遗弃门孩。成就一人德业。

准十功：

荐引一有德人。除一人害。编纂一切众经法。以方术治一人重病。发至德之言。有财势可使而不使。善遗妾婢。救一有力报人之畜命。

准五功：

劝息一人讼。传人一保益性命事。编纂一保益性命经法。以方术救一人轻疾。劝止传播人恶。供养一贤善人。祈福禳灾等，但许善愿不杀生。救一无力报人之畜命。

准三功：

受一横不嗔。任一谤不辩。受一逆耳言。免一应责人。劝养蚕、渔人、猎人、屠人等改业。葬一自死畜类。

准一功：

赞一人善。掩一人恶。劝息一人争。阻人一非为事。济一人饥。留无归人一宿。救一人寒。施药一服。施行劝济人书文。诵经一卷。礼忏百拜。诵佛号千声。讲演善法。谕及十人。兴事利及十人。拾得遗字一千。饭一僧。护持僧众一人。不拒乞人。接济人畜一时疲顿。见人有忧，善为解慰。肉食人持斋一日。见杀不食。闻杀不食。为己杀不食。葬一自死禽类。放一生。救一细微湿化之属命。作功果荐沉魂。散钱粟衣帛济人。饶人债负。还人遗物。不义之财不取。代人完纳债负。让地让产。劝人出财作种种功德。不负寄托财物。建仓平粜、修造路桥、疏河掘井、修置三宝寺院、造三宝尊像及施香烛灯油等物、施茶水、舍棺木一切方便等事。自"作功果"以下，俱以百钱为一功。

准百过：

致一人死。失一妇女节。赞人溺一子女。绝一人嗣。

准五十过：

堕一胎。破一人婚。抛一人骸。谋人妻女。致一人流离。致一人军徒重罪。教人不忠不孝大恶等事。发一言害及百姓。

准三十过：

造谣诬陷一人。摘发一人阴私与行止事。唆一人讼。毁一人戒行。反背师长。抵触父兄。离间人骨肉。荒年积囤五谷不粜生索。

准十过：

排摒一有德人。荐用一匪人。平人一冢。凌孤逼寡。受畜一失节妇。畜一杀众生具。恶语向尊亲、师长、良儒。修合害人毒药。非法用刑。毁坏一切正法经典。诵经时，心中杂想恶事。以外道邪法授人。发损德之言。杀一有力报人之畜命。

准五过：

讪谤一切正法经典。见一冤可白不白。遇一病求救不救。阻绝一道路桥梁。编纂一伤化词传。造一浑名歌谣。恶口犯平交。杀一无力报人之畜命。非法烹炮生物，使受极苦。

准三过：

嗔一逆耳言。乖一尊卑次。责一不应责人，播一人恶。两舌离间一人。欺诳一无识。毁人成功。见人有忧，心生畅快。见人失利、失名，心生欢喜。见人富贵，愿他贫贱。失意辄怨天尤人。分外营求。

准一过：

没一人善。唆一人斗。心中暗举恶意害人。助人为非一事。见人盗细物不阻。见人忧惊不慰。役人畜，不怜疲顿。不告人取人一针一草。遗弃字纸。暴弃五谷天物。负一约。醉犯一人。见一人饥寒不救济。诵经差漏一字句。僧人乞食不与。拒一乞人。食酒肉五辛，诵经登三宝地。服一非法服。食一报人之畜等肉。杀一细微湿化属命以及覆巢破卵等事。背众受利，伤用他钱。负贷。负遗。负寄托财物。因公恃势乞索、巧索，取人一切财物。废坏三宝尊像以及殿宇、器用等物。斗秤等小出大入。贩卖屠刀、渔网等物。自"背众受利"以下，俱以百钱为一过。

13 不动念,即正念

原文

语余曰:"符箓①家有云:'不会书符,被鬼神笑。'②此有秘传,只是不动念也。执笔书符,先把万缘放下,一尘不起。从此念头不动处,下一点,谓之'混沌开基'③。由此而一笔挥成,更无思虑,此符便灵。"

译文

云谷禅师对我说:"画符箓的专家曾说:'专家如果不会画符,就会被鬼神耻笑。'画符有秘诀,就是不动念头。拿笔画符时,先把所有念头放下,心里没有一丝杂念。从这个一点念头都不动的地方写下一点,就叫'混沌开基',一直画完整个符,此过程中若没有一丝念头,这道符就会灵验。"

---

① 符箓:专指道教的特殊秘文。符是道士书写的一种图形,笔画屈曲、似字非字。箓是记天神名字、又有诸符夹杂其间的秘文。符箓的功效繁多,能治病、驱鬼、召神、降妖除魔等。
② "不会书符,被鬼神笑":画符不知窍,反惹鬼神笑;画符若知窍,惊得鬼神叫。画符的诀窍就是画时不动念。
③ 混沌开基:混沌,入静后处于物我两忘的状态;开基,开创,开始。

> 度阴山曰

画符箓，是中国古代道士所具备的重要技能之一。画符箓的目的要么是让人逢凶化吉，要么是为人锦上添花。所有人都希望符箓能发挥超自然的力量，可以保佑当事人平平安安，幸福和美。于是，符箓灵验与否就成了人们最关心的问题。

而符箓的灵验与否并不取决于符纸的质量高低，而取决于专业人士在画符时念头的动与静。按照云谷禅师的意思，真正的专业人士在执笔画符时，无论是正当的念头，还是不正的念头，都要统统放下，把心打扫得干干净净，做到此心不动。

比如道士帮一个老财主画符箓时，总想着等会儿老财主给他多少钱，这就是不正的念头，绝对不能有；如果他想着不要一分钱，让所有人都对他伸出拇指点赞，这虽然是正的念头，可也不能有。

因为无论你生出的念头是正念还是邪念，都说明你的心并没有全部放在画符箓这件事本身上。也就是说，你没有真诚地对待画符箓这件事。当你不能真诚地对待符箓时，符箓也不会理你，所以它不灵验也就在情理之中了。

画符箓时，内心必须只针对画符箓这件事而动心，一心一意都在符箓上，如此画符箓才叫真诚。画符箓如此，我们人生中所有事其实都应如此，我们要做的就是针对事情本身而真诚无欺，全心全意于事情本身，和事情本身无关的一切，都不应该是我们念头所着处。

云谷禅师从功过格冷不防地谈到画符箓，让人犯迷糊。其实，云谷禅师表面在谈画符箓，深处是想谈念头：人不是不能对事情动念，而是对事情的好处不动念，对事情的坏处也不该动念。比如画符箓就是画符箓，不要在画时想着能得到多少好处。如此，就能明白动念和不动念的区别在哪里，也明白该如何做到动念或者不动念了。

14 立命,不能有分别心

原文

凡祈天立命①,都要从无思无虑处感格。孟子论立命之学,而曰:"夭寿不贰。"夫夭寿,至贰者也。当其不动念时,孰为夭,孰为寿?细分之,丰歉不贰,然后可立贫富之命;穷通不贰,然后可立贵贱之命;夭寿不贰,然后可立生死之命。人生世间,惟死生为重,曰夭寿,则一切顺逆皆该之矣。

译文

凡是祈祷上天要修身养性而立命的人,都要从没有思虑的地方来感应万物。孟子论立命之学时说:"短命和长寿没有分别。"其实短命和长寿是有很大区别的。但当一个人无思无虑的时候,什么是短命,什么是长寿呢?按照这种逻辑,我们认真琢磨的话就发现,丰收和歉收没有区别,然后就可以立下贫穷和富有的天命;困顿和腾达没有区别,然后就可以立下尊贵与贫贱的天命;

---

① "立命"最早的出处是《墨子·非命上》:"覆天下之义者,是立命者也,百姓之谇也。"其次是《孟子·尽心上》:"夭寿不贰,修身以俟之,所以立命也。"赵岐注解说:"修正其身,以待天命,此所以立命之本也。"其实三人说的大致都是一回事。那就是人首先要知道自己是善的,然后扩充自己的善,保持人的本心,培养人的本性,最后就是从容面对天命。扩充自己的善,保持本心,培养本性就是改变自己的命运,找到精神寄托,这就是立命。

短命和长寿没有区别，然后可以立下生与死的天命。人生在世，只有生死是最重要的，这里所谓的短命和长寿，就是把一切逆境和顺境都包括了。

度阴山曰

立命的天机是什么？云谷禅师的看法是，要从没有思虑的地方入手。也就是说，想要改天换命，必须心无杂念。只有心无杂念时，你所看到的事实才是真相。比如孟子所说的短命与长寿没有区别。乍一听，短命鬼和老寿星怎么可能没有区别，恐怕连疯子都认为二者必有区别。但云谷禅师认为，你之所以认为二者有区别，是你有了分别心。

我们在娘胎时，没有任何妄念，没有任何闲思杂虑，所以根本不知道短命和长寿有何区别。等出了娘胎，来到世上，渐渐学到些知识后，就发现世间有长短、高低、前后、尊卑、善恶……之分。

在常人看来，长寿是善的，短命是恶的；活着是好的，死亡是恶的；富贵是善的，贫穷是恶的；顺境是好的，逆境是恶的。

于是，人们都有了思虑，希望得到好的，忌讳得到坏的；遇到顺境就载歌载舞，遇到逆境就死去活来；恐惧自己短命，奢求自己永远不死。

而消除这一切的思虑，正确的做法是什么呢？

那就是把分别心彻底根除。没有了分别心后，你就能立命了。短命和长寿其实是一回事，关键在于在有限的生命中活出无限的价值。

至于看待贫穷和富贵、顺境和逆境，都应该如看待长寿和短命一样。你贫穷时不能自暴自弃,只要向着阳光前进,就能富贵;你富贵时也不能胡来,因为再大的富贵,也禁不住人挥霍。

无论顺境还是逆境、贫穷还是富贵,你要做的事和你要当的人都应该是一样的,这才能立命。

而由于人生在世,只有这生与死最为重大,所以短命同长寿,就是最重大的事情。至于人生中的顺境和逆境、富有和贫穷、发达和窘迫,都不足道哉。

这就是孟子讲立命,只讲短命和长寿,并没有讲富有和贫穷、发达和窘迫的原因。

15 修行就两个字：修、等

原文

至修身以俟之，乃积德祈天之事。曰"修"，则身有过恶，皆当治而去之；曰"俟"，则一毫觊觎，一毫将迎，皆当斩绝之矣。到此地位，直造先天之境①，即此便是实学。

汝未能无心，但能持《准提咒》，无记无数，不令间断，持得纯熟，于持中不持，于不持中持。到得念头不动，则灵验矣。

译文

至于以修身养性来等待命运的升华，这是积累德行并祈祷上天的事。说"修"，就是要把身上的过错和坏事都治疗消除；说"等"，意思是只要有一丝的觊觎之心，一毫的迎合之意，都应彻底铲除。到此地步，直接进入了天人合一的境界，这样才是实学。

你还不能达到无念头的境地，但只要修持《准提咒》，不必特意去记，也不必去记念了多少次，只是不要间断，修持得非常纯熟，在修持时如同不修持那样平常，在不修持时却又如修持一样。等修到念头不动时，就灵验了。

---

① 先天之境：天人合一之境，人和宇宙完美地融合为一体，人即宇宙，宇宙即人。

> 度阴山曰

孟子所说的"修身以俟之"这句话的意思是:自己要时刻修养德行,不可做半点罪恶的事,等待天意。这就是"尽人事,听天命"。

人能立命,关键在两个字:一个是修;一个是等。

所谓"修",就是对付一些过失罪恶,要像治病一样,把它们完全去掉。

所谓"等",就是在修之时和修之后不可有一丝一毫的非分之想,也不可让念头乱起乱灭,定要把它们完全断绝。只有达到这一地步,才算是达到了先天不动念头的境界。这才叫真的立命功夫。

可正如云谷禅师所说的,袁了凡还无法达到这种境界。大多数人都和袁了凡一样,始终无法做到心无杂念(没有丝毫的非分之想,念头不起),如此就必须念《准提咒》。

念《准提咒》的方法是:不必去记遍数,一直念下去,不要间断。

念到极熟时,口中念时,自己却没觉得在念,这叫作持中不持;不念时,心里却觉得在念,这叫作不持中持。只有把咒念到这种程度,才是把我、咒、念打成一片,自成一体。如此就不会有杂念进来,所念的咒肯定就会灵验。

至此,云谷禅师对袁了凡的立命讲说全部结束,当我们回顾这几段立命的讲说时,我们很容易就发现,立命就是没有思虑下的行善。善就是命,不思善、不行善和有思虑就是恶。

立命就是立个没有闲思杂虑的善。

16

立命四部曲

> 原 文

　　余初号"学海",是日改号"了凡";盖悟立命之说,而不欲落凡夫窠臼也。从此而后,终日兢兢,便觉与前不同。前日只是悠悠放任,到此自有战兢惕厉景象,在暗室屋漏中,常恐得罪天地鬼神;遇人憎我毁我,自能恬然容受。

　　到明年礼部考科举,孔先生算该第三,忽考第一,其言不验,而秋闱中式矣。然行义未纯,检身多误:或见善而行之不勇,或救人而心常自疑;或身勉为善,而口有过言;或醒时操持,而醉后放逸;以过折功,日常虚度。自己巳岁发愿,直至己卯岁,历十余年,而三千善行始完。

　　时方从李渐庵入关,未及回向①。庚辰南还。始请性空、慧空诸上人,就东塔禅堂回向。遂起求子愿,亦许行三千善事。辛巳,生男天启。

　　余行一事,随以笔记;汝母不能书,每行一事,辄用鹅毛管,印一朱圈于历日之上。或施食贫人,或放生命,一日有多至十余者。至癸未八月,三千之数已满。复请性空辈,就家庭回向。九月十三日,复起求中进士愿,许行善事一万条,丙戌

---

① 回向:佛教用语,是将自己所修的功德、智慧、善行、善知"回"转归"向"于众生的意思。

登第，授宝坻知县。

余置空格一册，名曰治心篇。晨起坐堂，家人携付门役，置案上，所行善恶，纤悉必记。夜则设桌于庭，效赵阅道焚香告帝。

汝母见所行不多，辄颦蹙曰："我前在家，相助为善，故三千之数得完；今许一万，衙中无事可行，何时得圆满乎？"

夜间偶梦见一神人，余言善事难完之故。神曰："只减粮一节，万行俱完矣。"

盖宝坻之田，每亩二分三厘七毫。余为区处，减至一分四厘六毫，委有此事，心颇惊疑。适幻余禅师自五台来，余以梦告之，且问此事宜信否？

师曰："善心真切，即一行可当万善，况合县减粮，万民受福乎？"

吾即捐俸银，请其就五台山斋僧一万而回向之。

译文

我之前的号叫"学海"，但自从那天起（和云谷禅师谈话完毕）就改号为"了凡"；因为我明白了立命之理，不想和凡夫一样。把凡夫的见解完全了掉，所以叫作"了凡"。自此，我常常谨慎小心，自觉和从前大不相同。从前全是糊涂随便、无拘无束，而现在则有种小心谨慎、战战兢兢、戒慎恭敬的景象。即使是在暗室无人的地方，也常恐惧得罪天地鬼神。碰到讨厌我、毁谤我的人，我也能安然接受，不与旁人计较争论。

第二年（1570），我到礼部考科举。孔先生算我的命，应该得第三名，想不到忽然考了第一，孔先生的话不灵了。孔先生没算我会考中举人，而秋天乡试我竟然中举。但我修行义还不纯粹，检点自身发现还有很多过失：例如看见善，虽然肯做，但还不够大胆拼命；或是遇到救人时，常怀疑惑，没有坚定的心去迅速救人。自己努力做善事，但是常说犯过失的话。清醒时还能把持住自己，但酒后就放肆了。将功抵过，许多日子就这样虚度了。从己巳年（1569）被云谷禅师的教化发愿要做三千件善事，到己卯年（1579），十余年才把三千件善事做完。

当时，我刚和李渐庵先生从关外回到关内，未来得及把所做的三千件善事回向。到了庚辰年（1580），我从北京回到南方，方才请了性空、慧空两位有道的僧人，借东塔禅堂完成了回向心愿。到这时，我又起了求生儿子的心愿，也许下了做三千件善事的大愿。到了辛巳年（1581），生了你，取名天启。

我每做一件善事，都随时用笔记下；你母亲不会写字，每做一件善事，就用鹅毛管印一个红圈在日历上，或是送食物给穷人，或放生，都要印圈。有时一天居然多达十几个红圈呢！如此就到了癸未年（1583）八月，三千件善事的愿全部做满。又请了性空和尚等，在家里做回向。到那年的九月十三，又起求中进士的愿，并且许下了做一万件善事的大愿。到了丙戌年（1586），我居然中了进士，当了宝坻知县。

做宝坻知县时，我准备了一本有空格的小册子，这本小册子，我称它为治心篇。每天坐堂审案时，就叫家人拿这本治心篇交给看门的人，放在办公桌上。所做的善事恶事，虽然极小，也一定要记在上面。晚上，我就在庭院中摆桌子，换掉官服，仿照宋朝的铁面御史赵阅道（此人善内省），焚香祷告天帝，天天如此。

你母亲见我所做的善事不多，就皱着眉头对我说："我从前在

第一章 立命之学 · 045

家帮你做善事,所以你所许下三千件善事的心愿能够做完。现在你许了做一万件善事的心愿,在衙门里没什么善事可做,那要等到什么时候才能做完呢?"

当天晚上,我突然梦到一位天神,便将一万件善事不易做完的原因说给天神听,天神说:"减钱粮这件事,就抵一万件善事了,已经圆满。"

减钱粮一事是这样的,宝坻县的田,按规定每亩要收银两分三厘七毫,我将全县的田税作出调整,减到了一分四厘六毫。但我很奇怪,此事怎么会让天神知道呢?并且更疑惑的是,只是这一件事,为什么能抵得了一万件善事呢?恰好幻余禅师从五台山来到宝坻,我就询问禅师,这事可以相信吗?

幻余禅师说:"做善事要真诚恳切,如此只一件善事也可以抵一万件善事。况且你减轻全县的钱粮,全县的农民都获福啊!"

于是,我又把自己的薪水捐出来,请禅师在五台山替我斋僧一万人,并且把斋僧的功德回向。

度阴山曰

这番话是袁了凡对儿子袁天启说的。他有了儿子这件事,让孔老先生给他算的命彻底"翻车",而把孔老先生的占卜神术掀翻在地的不是别人,正是当事人袁了凡。袁了凡是怎么做到改命生了个儿子的呢?

第一步,袁了凡把自己的号改了,他本来号"学海",掀孔老先生的车前,他给自己改号"了凡",意为把云谷禅师所谓的相信命运的凡夫的一切全部了了(了去凡夫的认知)。想改命,先改名。

第二步，收起从前散漫、无所畏惧的心，变得谨小慎微，在道德上严格要求自己，人前人后一个样，这是慎独。

第三步，全面践行功过格，自己立下行善的志向，并全力去实现。

第四步，做善事时真诚恳切，不存期待回报的念头。

这就是袁了凡的立命方法，当然，立命远不止这四步。

17 取得福报的六种心态

> 原文

孔公算予五十三岁有厄,余未尝祈寿,是岁竟无恙,今六十九矣。《书》曰:"天难谌,命靡常。"又云:"惟命不于常。"皆非诳语。吾于是而知,凡称祸福自己求之者,乃圣贤之言。若谓祸福惟天所命,则世俗之论矣。

汝之命,未知若何?即命当荣显,常作落寞想;即时当顺利,常作拂逆想;即眼前足食,常作贫窭想;即人相爱敬,常作恐惧想;即家世望重,常作卑下想;即学问颇优,常作浅陋想。

远思扬祖宗之德,近思盖父母之愆;上思报国之恩,下思造家之福;外思济人之急,内思闲己之邪。

> 译文

孔先生给我算命时说,等我到五十三岁时,会有灾难。我也没祈天求寿,可五十三岁那年,我竟然顺利度过了,如今已经六十九岁。《尚书》上说:"天道是不容易相信的,人的命是没有定数的。"又说:"只有人的命没有定数。"这些话,并非胡说。我由此知道,凡是说人的祸福都是自己求来的,这是圣贤的话;凡是说祸福都是天注定的,这就是世上庸人的话。

你的命，不知究竟怎样？就算命中注定应该荣华发达，还是要有迎接失意的准备；就算一帆风顺，还是要有迎接挫折的准备；就算眼前丰衣足食，也要有安于穷困的准备；就算旁人喜欢你，敬重你，也要保持小心谨慎的心态；就算你家世代有名人，人人都看得起，还是要放下身段；就算你学问高深，也要时常把自己看作浅陋之人。

往远处说，要把祖先的德行传扬开来；往近处说，要把父母的过失遮盖起来。往高里说，要报效国家的恩惠；往低里说，要为家族造福。向外说，应该救济别人的急难；向内说，应该预防自己走上邪路。

度阴山曰

拥有大智慧的中国古人始终相信：月满则亏，水满则溢，阴阳互转。当你在上升时就注定会下降，当你在阳光下时就注定要迎接黑暗，世界就是这样。无论是享受的一切还是遭难的一切，都将慢慢转化为另一面。阴阳交替，无始无终。

这就要求我们，面对黑暗时不要气馁，因为光明就在黑暗前面；而面对光明时也不要得意忘形，因为我们正向黑暗滑落。"风水轮流转"是苦尽甘来，"常将有日思无日，莫待无时思有时"是要居安思危，要未雨绸缪。

想要立命的人就必须拥有六种心态：得意时要想到失意；丰衣足食时要想到饥肠辘辘；一帆风顺时要想到艰难困苦；风光八面时要想到孤独寂寞；名动天下时要懂得放下身段；无论学问多高深都要谦虚。

这六种心态就是立命能立住的心态或者说是心力，立命的根本其实就是正视这个道理。

当我们在高光时刻想到落寞，才能敬畏自己的高光时刻；当我们丰衣足食时想到饥肠辘辘，才能珍惜当下……如此才能让自己达到平衡：身在阳面，心在阴面。

这六种心态不是"吃饱了撑的"胡思乱想，而是让人永远都处于一种感恩当下、敬畏当下的心态中。唯有如此，我们才能过好当下，迎接更美好的人生。

18 人生的毒药：因循

原文

务要日日知非，日日改过；一日不知非，即一日安于自是；一日无过可改，即一日无步可进；天下聪明俊秀不少，所以德不加修，业不加广者，只为因循二字，耽阁一生。

云谷禅师所授立命之说，乃至精至邃、至真至正之理，其熟玩而勉行之，毋自旷也。

译文

一定要每天都清楚自己错误的地方，每天都要改正这些错误；一天不知错误，就会在这一天中安于自以为是、自我满足的状态；一天没有过失可以改正，就一天没有进步。天下聪明俊秀的人实在不少，但他们道德上不用功去修，事业不用功去做，就只因为"因循"两个字，得过且过，不想前进，耽搁一生。

云谷禅师所教的立命的学说，实在是最精、最深、最真、最正的道理，希望你认真研究，尽心尽力去做，不可放纵自己。

度阴山曰

有的人活了几十年；有的人只活了一天，重复了几十年。后一种人的活法叫作因循。

"因循"后面有个"守旧"。因循守旧的本意是指，死守老一套，缺乏创新精神。但将之挪移到人生修行和立命上，因循守旧就有了别样的解释：我们必须要死守一套，在死守这一套的基础上不停创新。

死守的那一套，就是内心的良知，创新就是要日日不停地让良知光明。而让良知光明的有效方法就是自我反省。每改正一次错误就等于一次创新。

我们绝不能在死守良知上有所创新，比如今日光明良知，明日就停止。我们也决不能再因循错误，遇到错误要改正，才能做崭新的自己、最好的自己。只有时时刻刻翻新自己，让自己每天都在德业上进步，今日的自己一定要强过昨日的自己，战胜昨日的自己才是立命的大功告成。

其实，改过就是战胜昨天的自己，你若要不断提高人生境界，就要不停地让今天的自己打败昨天的自己。据说人的好运和坏运周期为五年，好运五年后就会跟来坏运五年。不过，当你每天都不停改变自己时，好运会延续，坏运会迟到或者永远不到。

第二章 改过之法

我们总能听到这样的话：人谁无过？过而能改，善莫大焉。但这句话值得商榷，因为圣贤并非没有过错而被称为圣贤，是有错而知错必改才被称为圣贤。圣贤的错要比普通人还多，只不过他们把改错当成人生进步的修行道场，所以最终才成为圣贤。

圣贤之所以过错多，因为他不停地在行动，在探索人生的最高意义，而当他悟道的那一刻才终于明白，原来人生的最高意义就是知错后的改错。改过是人生进步的最简易明快也最重要的道路。改过有方法，袁了凡所总结出来的这些方法，我们如果能严格执行，那可不仅仅是受益匪浅了。

1 至诚能预知祸福

原文

春秋诸大夫,见人言动,亿①而谈其祸福,靡不验者,《左》《国》诸记可观也。大都吉凶之兆,萌乎心而动乎四体,其过于厚者常获福,过于薄者常近祸,俗眼多翳②,谓有未定而不可测者。

至诚③合天,福之将至,观其善而必先知之矣。祸之将至,观其不善而必先知之矣。今欲获福而远祸,未论行善,先须改过。

译文

春秋时期的诸位大夫,常常从一个人的言语、行为去判断而谈论其吉凶祸福,没有不灵验的,这是在《左传》和《国语》等书上有明确记载的。一般来说,吉祥和凶险的预兆,先萌发于内心,后表现在身体上。厚道的人常常会获得福报,刻薄的人则会遇到灾祸。一般人都是睁眼瞎,看不到这种规律,所以总认为祸福没有定数,而且无法预测。

---

① 亿:通"臆",推测、揣测。
② 翳:眼球上生的膜,遮视线。
③ 至诚:没有妄念就是至诚,主要表现是真诚、不自私、没有非分之想。

真诚能与天感应，福报要来时，看其善行就可预知。而祸要降临时，观察其不善的行为也可预知。所以，如果要想得福而远离灾祸，那先暂且不论如何做善事，先讲讲改正过失的事情。

度阴山曰

如果有人能从一个人的言语、行为上判断出其吉凶祸福，那他肯定知道一条原理。这个原理就是：吉凶的预兆先萌发于人的内心，最后表现在此人的身体上。也就是说，大多数时候，决定人吉凶的不是老天或别人，而是我们自己。当我们自己的心发善念、自己有善行时，表现在我们身上的就是福报；当我们自己的心发恶念、自己有恶行时，表现在我们身上的就是灾祸。

我们做一个厚道的人还是刻薄的人，决定了我们是拥有福报还是得到灾祸。大多数人看不到这一点，所以总以为许多灾祸是无妄之灾，许多福报是交了狗屎运。其实无妄之灾和狗屎运，不是在你心外的上天和其他人那里，而是在你的心里。

你完全可以心想事成，想要无妄之灾就能得到无妄之灾，想要福报就能得到福报。

人行善时要出于至诚，因为在人类所有的品质中，和上天品质最相似的就是至诚。老天对待万物是至诚的，没有私心，也没有任何非分之想。而当我们出于至诚之心时，我们就和天一样。天无所不知，自然我们也无所不知。我们能知道谁将有灾祸，谁将有好运，谁在用真心，谁在虚情假意。这些人中也包括你自己。

人若想做到预知，那毫无疑问必须要至诚地去行善，而在行善之前，先不要有太多的恶，这个恶，就是过错。

2 人要有羞耻心

原文

但改过者，第一，要发耻心。思古之圣贤，与我同为丈夫，彼何以百世可师？我何以一身瓦裂①？耽染尘情，私行不义，谓人不知，傲然无愧，将日沦于禽兽而不自知矣；世之可羞可耻者，莫大乎此。

孟子曰："耻之于人大矣。"以其得之则圣贤，失之则禽兽耳。此改过之要机②也。

译文

凡是要改正过错的人，第一，要生发出羞耻心。想想古时的圣贤，和我一样都是七尺男儿，为什么他们可以流芳百世而成为榜样，而我却如瓦裂一样的失败？因为自己沉溺于世俗的情感，偷偷做出种种不应该做的事，却还以为旁人不知道，抬头挺胸毫无惭愧之心，天天沉沦下去和禽兽一样，自己却还不知道。世上最可羞可耻的事情，莫过于此。

孟子说："羞耻心对于一个人来讲是很重要的。"只因为晓得这个耻字就可以成为圣贤，不晓得这个耻字就会成为禽兽。羞耻

---

① 瓦裂：像瓦片碎裂一样，意为无德无能。
② 要机：要旨、关键。

心是改正过错的要旨。

度阴山曰

人必须要有脸，人如果没了脸皮，那就离人这个物种越来越远。这脸皮就是羞耻心。

所谓羞耻心，源于人的良知。人做坏事或是心不安时本能地会产生一种痛苦之感，这种感觉会让人远离那些坏事和令心不安的事，这就是人所独有的羞耻心。人之所以为人，而不是动物，就在于有羞耻心。

不过，很多人的羞耻心会因为被遮蔽而不敏感。导致一个人失去羞耻心或羞耻心钝化的因素是什么呢？

袁了凡认为有两点：

第一，沉溺于世俗的情感，先是不自拔，最后无法自拔。

第二，我们做出不符合道义的事时以为别人不知道，一次两次多次后，就会形成惯性，从而让我们渐渐沦落为禽兽而不自知，羞耻心荡然无存。

人进步靠的是不停反省，而主动反省的人肯定是有羞耻心的人，同时羞耻心又催生出上进心。比如，当我们看到别人进步时，就会因自己没有进步而感到深深的羞耻，这羞耻心立即激发出我们的上进心，去改正从前的错误向上拼搏。而改正错误就是最大的上进。

世界上最可怕的人就是那种"死猪不怕开水烫"的人，因为他没有廉耻，不懂得害臊，百恶可做，就是不会去行善；人有廉耻，才会深刻反省自己从而改过。所以说，羞耻心是改过的关键。

3 人要有畏惧心

> [原文]

第二，要发畏心。天地在上，鬼神难欺，吾虽过在隐微，而天地鬼神，实鉴临①之，重则降之百殃，轻则损其现福，吾何可以不惧？

不惟此也。闲居之地，指视昭然；吾虽掩之甚密，文之甚巧，而肺肝早露，终难自欺；被人觑破，不值一文矣，乌得不懔懔②？

不惟是也。一息尚存，弥天之恶，犹可悔改；古人有一生作恶，临死悔悟，发一善念，遂得善终者。谓一念猛厉，足以涤百年之恶也。譬如千年幽谷，一灯才照，则千年之暗俱除；故过不论久近，惟以改为贵。

但尘世无常，肉身易殒，一息不属，欲改无由矣。明则千百年担负恶名，虽孝子慈孙，不能洗涤；幽则千百劫沉沦狱报，虽圣贤佛菩萨，不能援引。乌得不畏？

---

① 鉴临：审察、监视，好像是明镜照物，物无法躲闪，肯定是清晰地在镜中出现。
② 懔懔：畏惧的模样。

译 文

第二，要生发畏惧的心。天地在上，我们很难欺骗鬼神，我们的过错虽然很隐蔽，然而天地鬼神看我们的过错就如同照镜子一样清楚明白，过失重的就要降下种种灾祸给我们，过失轻的，也会减损我们现在的福报，我们怎么能不畏惧呢？

还不止这些。就是在一个人时，神明的监察也把我们看得清清楚楚；虽然我们能把过失遮盖得很严密，掩饰得很巧妙，其实神明早已把我们的肺腑看透，最终自己难以欺骗自己；若是被旁人看破，就一文不值了，如此说来，怎么可以不存一颗戒慎恐惧的心呢？

还不止这些。一个人只要还有口气在，即使犯下滔天罪过，还可以悔改。古时有人做了一辈子恶事，在临死前忽然悔悟，发了一个善念，就立刻得到善终。这就是说，一个念头的猛烈，就足以把百年所积的罪恶洗干净。譬如千年黑暗的山谷，只要一盏灯照进去，光到之处，就可以把千年黑暗完全驱散。所以过失不论新旧，只要能改，就了不起。

然而尘世无常，生命易逝，万一你哪天突然死掉，就没有机会改正过错了。在阳间要承担千百年的恶名，即使你有孝子贤孙也不能替你洗清恶名；而在阴间还有千百劫的时间，沉沦在地狱受无量无边的苦。即使圣人、贤人、佛、菩萨也不能救助你，接引你，这如何不令人心生恐惧呢？

度阴山曰

西方的康德曾经说过这样一句话："人世间有两种东西让我敬畏，一是头顶无比深邃的天空，二是人间的道德法则。"王阳明说过，良知能成鬼成帝，所以我们要对良知心怀敬畏。

无论人间道德法则还是良知，其实都是我们人之所以为人的证明。而当我们畏惧内心的良知时，我们将无所畏惧。

人如果抱定了对过失必改的心，那他除了有羞耻心，必有恐惧心。表面看，他恐惧的是袁了凡所说的"苍天有眼""不改过会在地狱受惩罚"，其实他真正恐惧的是不能再做人。因为人心即天意，苍天之眼其实就是世间大多数人的眼，他们会评判你。至于受地狱之苦，其实根本就没有实实在在的地狱。真正的地狱在我们每个人的心中，当你作恶而不知悔改时，你的良知就会把你的心改造成地狱。

一个人如果对良知有畏惧之心，那他不但能改过，而且会有底线。底线就是道德和法律准则，就是做人的根基。拥有底线的人知错就能改正，按袁了凡的说法，无论你作了多少恶，只要突然改正，就是放下屠刀立地成佛，就是回头是岸、光明在前。

所以成圣成神有两条路：第一条是死心塌地地修慈行善，第二条是立刻悔悟改过。

或许你会质疑，假设一个人吃斋念佛、面壁百年才成圣成佛，可一个屠夫突然悔悟放下屠刀就能立地成佛，那这种成佛方式对前一个老实本分修行的人公平吗？

表面看，当然不公平。但也正因为这种看上去的不公平，才更加让我们认识到悔悟改过对于一个人来说有多么难，多么重要。

4 人要有勇敢心

原文

第三，须发勇心。人不改过，多是因循退缩；吾须奋然振作，不用迟疑，不烦等待。小者如芒刺在肉，速与抉剔；大者如毒蛇啮指，速与斩除，无丝毫凝滞，此风雷之所以为益[1]也。

具是三心，则有过斯改，如春冰遇日，何患不消乎？

译文

第三，一定要生发勇敢心。人有错不愿意改，大多是由于得过且过、畏难退缩。我们一定要起劲用力，不迟疑，不等待。小过失像尖刺戳在肉里，要立刻挑掉；大过失像毒蛇咬到手指，要立即切掉手指，不能有丝毫犹疑延迟。这就是《易经》中所讲"像风雷一样快，就会有益"的原因。

如果拥有了羞耻、畏惧、勇敢这三种心，那么有过错就可以立刻改正，就好像春天的冰块遇到太阳，还怕不会融化吗？

---

[1] 风雷之所以为益：源自《易经》。原句为："风雷，益；君子以见善则迁，有过则改。"大意是，风雷互相协助，绝对是有益处的；君子看见善则向往，看见过失则迅速改正。魄力之大，速度之快，令人瞠目。

度阴山曰

袁了凡认为，人知道错误而不愿意改，主要原因是得过且过、拖沓、畏难退缩。所以意识到错误后，要当机立断立即行动，不要拖沓、消极等待。

人之所以不能改错，原因大致有以下三点：第一，有些人没有意识到自己有错，浑浑噩噩，把自己从人混成了动物；第二，意识到自己有错后没有勇气改正，畏难退缩，把小过失拖沓成大错；第三，把自己的人生看作一座桥，大多数人都本能地认为，以前的人生之桥无论铺得多烂，都不应该拆除，拆除了就是自我否定。不能和残缺的过去一刀两断，这才是我们没有勇气改过的真正原因。

羞耻心让我们意识到有过错，畏惧心让我们不得不改过，勇敢心则帮助我们把改过的想法付诸行动，三种心的联合就是改过的心法。

5 改过之法一：从事上改

原文

然人之过，有从事上改者，有从理上改者，有从心上改者；工夫不同，效验亦异。

如前日杀生，今戒不杀；前日怒詈①，今戒不怒；此就其事而改之者也。强制于外，其难百倍，且病根终在，东灭西生，非究竟廓然之道也。

译文

然而人的过错，有从事情本身改正的，有从理上改正的，还有从心上改正的。切入的方式不同，取得的效果也有差异。

比如前一天犯了杀生的过错，今天改正不再杀生；前一天犯了发怒的过错，今天改正不再发怒；这就是从事情本身来改正的。这种方式毕竟还是从外面强制，所以会有百倍的难度，而且过错的根源始终都在，东边消灭了，西边出来，终究不是彻底根除过错的方式。

---

① 詈：骂。

> 度阴山曰

从错误的事情本身改过，其实就是改变行为，而且也只限于改变行为。比如我昨天杀了一头驴，今天改正不杀驴，但后天我又去杀猪了；昨天我对人发怒，今天我改正了，可后天我又对驴发怒了。总之，改正杀生和发怒，只是改正了这两种行为，而没有改正杀生和发怒的本质，所以它们一定还会再出现。

我们改正许多很不文雅的行为也一样，今天改了吐痰的行为，明天又改了吃饭吧唧嘴的毛病，后天再改正个不刷牙的毛病，但大后天你可能又有了别的毛病，或者是干脆吐痰的毛病又回来了。只针对事情、行为本身，就像是割韭菜，一茬又一茬。因为决定我们行为的不是行为本身，而是我们的态度。

但毕竟改了比不改要好，所以从事上改，也是不可缺少的改过之法。

6

改过之法二：从理上改

> 原文

　　善改过者，未禁其事，先明其理；如过在杀生，即思曰：上帝好生，物皆恋命，杀彼养己，岂能自安？且彼之杀也，既受屠割，复入鼎镬，种种痛苦，彻入骨髓；己之养也，珍膏罗列，食过即空，疏食菜羹，尽可充腹，何必戕彼之生，损己之福哉？

　　又思血气①之属，皆含灵知，既有灵知，皆我一体；纵不能躬修至德，使之尊我亲我，岂可日戕物命，使之仇我憾我于无穷也？一思及此，将有对食痛心，不能下咽者矣。

　　如前日好怒，必思曰：人有不及，情所宜矜；悖理相干，于我何与？本无可怒者。又思天下无自是之豪杰，亦无尤人之学问；有不得，皆己之德未修，感未至也。吾悉以自反，则谤毁之来，皆磨炼玉成②之地；我将欢然受赐，何怒之有？

　　又闻而不怒，虽谗焰熏天，如举火焚空，终将自息；闻谤而怒，虽巧心力辩，如春蚕作茧，自取缠绵③；怒不惟无益，且有害也。其余种种过恶，皆当据理思之。此理既明，过将自止。

---

① 血气：有血液、气息的动物，多指人类。
② 玉成：爱而使有成就。
③ 缠绵：牢牢缠住，不能解脱。

译文

善于改过的人，在他不做这件事之前，先明白这事不能做的道理。比如一个人犯了杀生的过失，那么他就应该这样想：上天有好生之德，凡是生物都会爱惜生命而惧怕死亡。夺取它的生命来滋养我的身体，自己能心安吗？况且有些生物虽已被杀，但还没完全死去，在它未完全死透时还要被烧煮，这样的痛苦深入骨髓；而供养自己，就要用各种贵重的、味道好的东西，摆满一桌，虽然如此讲究，可一吃完什么都没有了。要知道，人吃粗粮、蔬菜，喝菜汤也吃得饱啊！何必非要去伤害生命，造杀生的罪孽，消磨自己的福报呢？

又想，凡是有血气有生命的生灵，都有灵性知觉，既然都有灵性知觉，那么和我就是一体的；就算是自己不能修到道德极高的境地，使它们都来尊重我、亲近我，难道有必要天天伤害生命，使它们与我结仇，恨我到永无尽期？想到这些，面对桌上的有血肉、有生命的菜肴，就觉得无法下咽了。

再比如前一天愤怒时，应该想到：人们有不足之处，从情理上来说值得怜悯；如果违背情理而互相争气，对自己有什么好处呢？这本来也没有什么可以生气的。又想到：天下绝对没有自己称赞自己的英雄豪杰，也没有专门指责别人的学问；如果有得不到的，那都是自己的德行没有修好，不能感化别人。这时就要完全地自我反省检讨，如此则别人毁谤我，反而变成磨炼我、成就我的反面修行场了。我应该高兴地接受这一恩赐，又有什么值得生气的呢？

另外，听到别人诽谤我而不生气，尽管坏话如火焰熏天，也不过是拿着火去烧天空，最终会自己熄灭；如果是听到别人说坏话就生气，虽然用尽心思，尽力去辩，结果却像春蚕一样作茧自缚。所以生气不但没有一点益处，反而有大害。其他种种过失和罪恶，也应依此道理，细细去想，道理想清楚了，过错就会自然改正了。

度阴山曰

袁了凡所谓"从理上改过"的"理"包含以下内容。

第一，问自己这样的问题：不犯过行不行？比如，不杀生行不行？不生气行不行？如果答案是肯定的——比如不杀生可以，因为我可以吃青菜；再比如不生气也可以，我严格控制也可以做到——那就进入第二步。

第二，尽可能地做到感同身受：你杀生时想过生灵的感受吗？如果你是那个被别人杀的生灵，你有什么感受？能有这样的觉悟，改正杀生这一过失时才会更坚定。再如生气，大多数时候让你生气的都是人，而很多时候我们都高估了对方的恶意，可能对方惹你生气是出于无心，或者是他有什么性格缺陷、难言之隐。我们每个人都是凡人，都有短处，都有无心之举，如此就能原谅别人，自己也消了气。

第三，要坚信一条真理：一切过失都对自己有百害而无一利，杀生如此，生气同样如此。别人冒犯了你，对你进行诽谤，你如果怒发冲冠，那受伤的是你自己。为了保重身体，许多过错必须改正。

7 改过之法三：从心上改

原文

何谓从心而改？过有千端，惟心所造；吾心不动，过安从生？学者于好色、好名、好货、好怒，种种诸过，不必逐类寻求；但当一心为善，正念现前，邪念自然污染不上。

如太阳当空，魍魉①潜消，此精一之真传也。过由心造，亦由心改，如斩毒树，直断其根，奚必枝枝而伐，叶叶而摘哉？

大抵最上治心，当下清净；才动即觉，觉之即无；苟未能然，须明理以遣之；又未能然，须随事以禁之。以上事而兼行下功，未为失策。执下而昧上，则拙矣。

译文

什么叫从心上改过呢？人的过失不胜枚举，都是从心上造出来的；我心不动，过失怎么可能发生呢？求学的人对于好色、好名、好利、易怒等过错，不必每种都去探究戒除的方法，只需要一心一意地行善，心中充满光明正大的念头，那些邪念就自然污染不到你。

譬如太阳当空，妖魔鬼怪自然会消失，这就是精纯而唯一的诀窍。过错由心而成，也可以由心来改正，就好像斩除毒树，直接铲除其根，又何必一枝一枝地剪，一叶一叶地摘呢？

---

① 魍魉：传说中山木怪物名或水鬼名，这里指的是内心的邪念。

第二章 改过之法 · 069

改过的至高方法其实还是修心，这样就可以达到清净的境界；念头一动就会察觉，一察觉到念头就消失了；如果还不能做到这样，那一定要明白所犯过失的理由，把这种犯过的念头去掉；若是还不能够这样，就必须针对具体的事情，来警诫自己。如果用上等的方式但兼顾次一等的成效，还不算失策。如果固执地使用下等的方式却对上策一无所知，那就是最笨的了。

度阴山曰

古人曾说，天下所有的事都是由人心生出来的，人心如果不生事，天下就没有事。这些事中自然就有过错，解铃还须系铃人，想改掉由心生发的过错，就必须去心上改，这叫直指本源，釜底抽薪。

怎么个"心上改"法呢？第一招就是修心，使你的良知保持光明状态。唯有良知处于光明的状态，它才能分清念头的好坏。

第二招很神奇，袁了凡说：你盯着过错，在过错上用功固然有效果，但效果有限，你要有逆向思维，先不管过错，我先去做正确的事（行善）。这就如同一个人有许多人欲，有人在心中拿着把斧头看到一个人欲就砍一个，看到两个就砍一双，这方法当然立竿见影，可一劳永逸的方式不是砍人欲，而是尽可能存天理。只要你存住天理，天理越多，人欲越少。

你做的正确的事越多，过错就会越少，能量是守恒的。花种得越多，草就会被挤得越少；草长得越多，花就会被挤得越少。行善越多，恶行恶念就越少。

如果你做不到直接从心上改，那就只能先从事上改，然后从理上改，最后才从心上改。事实上，大多数人都只能遵循上面这一过程，鲜有例外，因为胖子不是一口吃成的。

8 改错后，有何效验

原文

顾发愿改过，明须良朋提醒，幽须鬼神证明；一心忏悔，昼夜不懈，经一七、二七，以至一月、二月、三月，必有效验。

或觉心神恬旷；或觉智慧顿开；或处冗沓而触念皆通；或遇怨仇而回嗔作喜；或梦吐黑物；或梦往圣先贤，提携接引①；或梦飞步太虚②；或梦幢幡宝盖。种种胜事，皆过消灭之象也。然不得执此自高，画而不进。

译文

如果发誓要改正过错，明处需要好友来提醒，暗处要有鬼神替你证明。全心全意进行忏悔，从早到晚，从日到夜，绝不放松，经过一个七天、两个七天，直到一个月、两个月、三个月，一定会有效验的！

或者觉得精神上很舒服；或者觉得智慧大开；或是虽然处在繁忙纷乱之际，心中仍清清朗朗，无所不通；或碰到冤家仇人而变怒为喜；或是在梦里，感觉吐出黑的东西；或是梦见古圣贤来提拔我，引导我；或是梦见自己飞到虚空中，逍遥自在；或是梦

---

① 接引：佛教语，指佛、菩萨引导众生进入西方极乐世界。
② 太虚：太空。

见各种旌旗以及伞盖。这种种好事，都是消除自己过错的征兆。但也不能因此沾沾自喜、自以为是，而阻断了进步的途径。

度阴山曰

全心全意改过，三月为一个疗程，必见效验。这效验很神奇，纯粹是个人感觉，非确凿的临床表现：精神舒畅，脑子变聪明，悟道一样地茅塞顿开，仇人相见变怒为喜，做各种奇怪的梦，如梦见自己吐黑的东西，梦见圣人、贤人来见，梦见自己遨游太空，梦见得道者来找自己。

总之，人改过后的精神状态和做的梦，与之前截然不同。倘若一个人在正经改错的三月后有这些表现，那就说明你的改过有效果了。

当然，改过是一辈子的事，不能因为有效果就停药，每个人都需要终身服改过这剂药，一直到死。药不能停。

9 改过,要持之以恒

原文

昔蘧伯玉①当二十岁时,已觉前日之非而尽改之矣。至二十一岁,乃知前之所改,未尽也;及二十二岁,回视二十一岁,犹在梦中,岁复一岁,递递改之,行年五十,而犹知四十九年之非,古人改过之学如此。

译文

从前,贤大夫蘧伯玉二十岁时,已能反省从前的过失而全部改掉;二十一岁时,又觉得从前所改的过失并不彻底;到二十二岁时,再回想二十一岁的自己,如同在梦中。像这样一年一年过去,一年一年地逐步改过,直到他五十岁那年,还觉得前四十九年都是有过失的,古人对于改过的学问就是这样。

度阴山曰

蘧伯玉是改过方面的专家,是改过领域的一代宗师。他就是因为把改过当成习惯甚至当成呼吸,才成为孔子口中、心中最伟大的人。这种人,孔子称为君子。

---

① 蘧伯玉:蘧瑗,字伯玉,春秋时期卫国的贤大夫,以"行年五十而知四十九年之非"闻名史册。

第二章 改过之法·073

以孔子为代表的儒家崇尚道德至上，君子和小人的区别就在道德上，而不在能力、财富、地位上。蘧伯玉能成为儒门中颂扬的人，没有什么超人的能力、顶级的社会地位或者可以敌国的财富，他因为不停改过而受到全儒家门徒的尊崇，成为一代君子。

　　也就是说，在儒家学派的思想中，改过就是最高的道德。人若要在人格上完善，就要不停地改造自己，把自己塑造成和从前的自己不同的人物，人格非朝夕完善，但只要拥有了改过的信念和改过的行动，就能如蘧伯玉一样，每天都成为一个更好的自己，改变自己的命运，使自己在人格上脱去凡胎。

　　持之以恒地重复同一个动作——改过，这就是蘧伯玉脱胎换骨的天机。

⑩ 有过失的六种表现

原文

吾辈身为凡流，过恶猬集，而回思往事，常若不见其有过者，心粗而眼翳也。然人之过恶深重者，亦有效验：或心神昏塞，转头即忘；或无事而常烦恼；或见君子而赧然相沮；或闻正论而不乐；或施惠而人反怨；或夜梦颠倒，甚则妄言失志。皆作孽之相也。苟一类此，即须奋发，舍旧图新，幸勿自误。

译文

你我皆凡人，平时的过失如刺猬身上的刺一样多。然而许多人回想往事时，总是看不到自己的过失，这是由于粗心和目光短浅啊。不过，对于有些人来说，有些表现可以作为他们罪恶深重的证据：或是心神混乱，转眼忘事；或是没来由地心烦意乱；或是看到有道德之人就因羞愧而诽谤人家；或是听到光明正大的道理而闷闷不乐；或是施给别人恩惠反而招来厌恶；或是常做噩梦，胡言乱语。这些表现都是做了坏事的反应。如果有以上的情况，那就要打起精神，发愤图强，洗心革面，千万不要耽误了自己啊！

> 度阴山曰

如果你有以下六种表现，就说明你已经是个过错多如牛毛的人了。这六种表现如下：

第一种是萎靡不振，心神混乱，健忘；第二种是没来由地心烦意乱。这两种表现是神经衰弱、焦虑的典型症状，产生的原因是人长期处于紧张和压力之下。人为什么会紧张？因为内心不安，内心不安的源头就是有过失，过失会让你的良知折磨你，让你感到紧张、焦虑。

第三种表现是看到有道德之人会因羞愧而诽谤人家；第四种表现是听到光明正大的道理而闷闷不乐。这两种表现其实是良知在和你没有意识到过失的心理做着激烈的斗争，斗争的结果就是良知渐渐占了上风，但你的意识不服输，所以虽然有愧疚之心，却仍然要诽谤人家作为反击；所以不想承认人家的道理是正确的，但内心又不得不承认，闷闷不乐。

第五种表现是别人非常讨厌你，即使你施舍给人家。

第六种表现就是常做噩梦。俗话说：日有所思，夜有所梦。常做噩梦，要么是身体出现了问题，要么就是你的行为出现了问题，所以噩梦其实是你恶劣行为的另一种演绎。

袁了凡其实是想通过这段话告诉你，当你出现了萎靡不振、健忘、心烦意乱等症状时，你可能是患了焦虑症。你之所以得了这种疾病，大概率和你的过失太多有关。

第三章 积善之方

人性本善，所以积善就是向人性回归。回归的念头越重，行动力就越强，其改天立命的可能性就越大。中国古语云：日行一善，善善相加，则成正果。积善就是善善相加，至于能否成正果，中国人很少想，因为对于必然能来的事，想和不想，毫无区别。

积善有原则，无论是多少原则，其终极原则其实只有一个：所有行为的念头，必须为善。否则，你的善行积累得越多，可能越适得其反。

本篇中，袁了凡会讲述许多因行善积德而受神仙帮助，得到好报的故事。袁了凡是否相信神仙之说，我们不得而知，但当代读者在读这章时，需存一个念头，即但行好事，莫问鬼神。

1

别只看个人，还要看他的家庭

原文

《易》曰："积善之家，必有余庆。"昔颜氏将以女妻叔梁纥①，而历叙其祖宗积德之长，逆知其子孙必有兴者。孔子称舜之大孝，曰："宗庙飨②之，子孙保之。"皆至论也。试以往事征之。

译文

《易经》说："积累善行的家族，必然会有很多吉庆之事。"当初颜氏准备把女儿嫁给叔梁纥时，便列举了叔梁纥家祖祖辈辈积累下来的德行，预测他的子孙中必然有光宗耀祖的人。孔子夸赞舜的大孝时说："宗庙将会祭祀他，子孙也会保住他的福德。"这都是至理名言，我们可以用从前的故事来证明。

度阴山曰

我们终于知道，孔子的娘嫁的不是孔子的爹，而是叔梁纥那些祖先所积的德。中国民间有句俗语叫"嫁人看三辈"，意思是

---

① 叔梁纥：春秋时鲁国大夫，名纥，字叔梁，孔子的父亲。孔子的母亲是当时颜氏家族三个女儿中最小的女儿，孔子三岁时，叔梁纥去世。
② 飨：用酒食款待。

既要看你嫁的男人，又要看他的爹和他的爷爷。孔子的娘可不止看了孔子家族三辈，而是八辈子祖宗啊。

　　为何嫁人要看三辈？大概就是看这家人的家风，好的家风大都有行善的历史，坏的家风大都有作恶的历史，所以无论是婚配还是交朋友，不能仅看所婚配或结交的那个人，还要打听下他的家是"积善之家"还是"积不善之家"。这是天理。

2 渡人就是渡己

<原文>

杨少师荣①，建宁人。世以济渡②为生，久雨溪涨，横流冲毁民居，溺死者顺流而下，他舟皆捞取货物，独少师曾祖及祖，惟救人，而货物一无所取，乡人嗤其愚。

逮少师父生，家渐裕，有神人化为道者，语之曰："汝祖父有阴功③，子孙当贵显，宜葬某地。"遂依其所指而窆④之，即今白兔坟也。

后生少师，弱冠⑤登第，位至三公，加曾祖、祖、父，如其官。子孙贵盛，至今尚多贤者。

<译文>

做过皇帝老师的杨荣是福建建宁人。其祖先都以操渡船为生，某次持续暴雨，溪水高涨，横流冲毁百姓的住宅，被淹死的人被水冲下来。其他船夫都捞取货物，杨荣的曾祖父和祖父却只

---

① 杨少师荣：即杨荣（1371—1440），福建人，明朝政治家、文学家，做过少师（皇帝的老师），与杨士奇、杨溥并称"三杨"。
② 济渡：渡过水面。指船夫用船做摆渡生意。
③ 阴功：不为人所知的善行，也称为阴德。
④ 窆：埋葬。
⑤ 弱冠：古代男子二十岁称为弱冠。这一年要行冠礼，二十岁就算是成年人了。

是救人，对财货一无所取。同乡的人都笑他们愚蠢。

等杨荣的父亲出生，杨家家境已宽裕。有位神仙幻化成道者提醒他："你祖父有阴德，子孙应当显贵，你们的祖先应该埋葬在某某地方。"于是杨家就把先人的遗体安葬在道者所说的那里，这块地穴就是现在的白兔坟。

后来杨荣出生了，弱冠登第，位至三公，追封了曾祖父、祖父和父亲，子孙贵盛，直到现在还有许多贤人。

度阴山曰

船夫这个职业一定是佛祖认为的最好的职业，因为它的主要工作内容就是把人从彼岸送到此岸，从此岸送到彼岸。有人把彼岸看成善，希望到彼岸，船夫就渡他到彼岸；而彼岸的人认为此岸是善，想来此岸，船夫就把他渡到此岸来。

帮助他人就是为善。于是，渡人既是在帮助别人，也是在帮助自己，通过帮助别人完成自己的行善过程，可谓一箭双雕。

杨荣家族的故事告诉我们，做司机运送客人是第一等福事，看似在运送客人，其实是在向自己家中运送福报。杨荣的祖父和曾祖父在洪水中捞人，捞的可不是人，而是福报。

3
人要怜悯他人的不易

> **原文**

鄞人杨自惩，初为县吏，存心仁厚，守法公平。时县宰严肃，偶挞一囚，血流满前，而怒犹未息，杨跪而宽解之。宰曰："怎奈此人越法悖理，不由人不怒。"

自惩叩首曰："上失其道，民散久矣。如得其情，哀矜勿喜。喜且不可，而况怒乎？"宰为之霁颜。

家甚贫，馈遗一无所取，遇囚人乏粮，常多方以济之。一日，有新囚数人待哺，家又缺米，给囚则家人无食，自顾则囚人堪悯。与其妇商之。

妇曰："囚从何来？"

曰："自杭而来。沿路忍饥，菜色可掬。"

因撤己之米，煮粥以食囚。后生二子，长曰守陈，次曰守址，为南北吏部侍郎。长孙为刑部侍郎，次孙为四川廉宪，又俱为名臣。今楚亭德政，亦其裔也。

昔正统间，邓茂七[①]倡乱于福建，士民从贼者甚众；朝廷起鄞县张都宪楷南征，以计擒贼，后委布政司谢都事，搜杀东路贼党。

---

① 邓茂七：祖籍江西，后迁居于福建沙县，1448年聚众起义，自号"铲平王"。1449年，邓茂七被明军围攻，因内部叛变，兵败中箭身亡。

谢求贼中党附册籍，凡不附贼者，密授以白布小旗，约兵至日，插旗门首，戒军兵无妄杀，全活万人。后谢之子迁①，中状元，为宰辅；孙丕，复中探花。

译文

鄞县人杨自惩，最初做县吏，宅心仁厚又守法公平。时任县令严厉，有次把一个囚犯打得头破血流，但仍怒气冲冲，杨自惩就对着县令跪下替囚犯求情，请县令息怒。县令说："你求情，我会卖你这个人情，但此囚犯不守法律，违背天理，怎能叫人不怒！"

杨自惩叩头说："在上位的人违背正道，人心散失已久，所以被逼犯罪的人极多，你如果审理出他们犯罪的实情，应该怜悯他们，而不是居功自喜。欢喜尚且不可，又怎么可以发火呢？"县令听了杨自惩的话，很受震动，面容和缓下来，怒气全消。

杨自惩家贫如洗，但对于别人的礼物，他一概拒绝。遇到囚犯缺粮时，他常多方想办法救济他们。一天，进来几个饥饿的新囚犯，但杨自惩家中缺米，如果给了囚犯，那自己家人就没有饭吃了；如果只顾着自己，那么那些囚犯就很可怜。杨自惩便和他的妻子商量。

妻子问他："犯人从什么地方来的？"

杨自惩回答："从杭州来的。沿途挨饿，脸上饿得没有一点血色，像是又青又黄的菜色，几乎可以用手捧起来。"

---

① 迁：谢迁（1449—1531），字于乔，号木斋，浙江余姚人，明代中期著名阁臣。为人秉节直谏，见事明敏，善持论。朱祐樘（明孝宗）时期著名的三大名臣之一，另外两位是刘健和李东阳。三人帮助朱祐樘励精图治，创造了"弘治中兴"。

于是，夫妇二人就把自己家的米煮成稀饭给新来的囚犯吃。后来杨自惩夫妇生了两个儿子，长子叫杨守陈，次子叫杨守址，分别任南北吏部侍郎。大孙子做到了刑部侍郎，小孙子也做到了四川提刑按察使。两个儿子，两个孙子，都成为名臣。而当今的杨德政就是杨自惩的后代。

在明英宗正统年间，有个叫邓茂七的人在福建一带造反。当时，福建地区很多人都跟随他一起造反。朝廷派鄞县都宪张楷去搜剿他们。后来张楷用计策把邓茂七捉住。朝廷又派布政司的一位姓谢的官员去搜查捉拿东路的贼党，捉到就杀。

这位谢姓官员怀了仁慈心，担心杀错人，便到处寻找贼党的花名册，检查后秘密给那些没有依附贼党、花名册里没有姓名的人白布小旗。他和对方约定，官兵来搜查那天，把白布小旗插在自家门口，禁止官兵滥杀。因这种措施而活下来的人有一万多。后来谢姓官员的儿子谢迁中了状元，最后官至宰相。他的孙子谢丕后来也中了探花。

度阴山曰

杨自惩的行善绝不仅是给囚犯充饥，替遭受暴揍的囚犯求情，这只是他被人看得见的小善。杨自惩的大善藏在这段话中：朝廷已失其威信，政治一片黑暗，人心散失已久，所以被逼犯罪的人极多，你如果审理出他们犯罪的实情，应该怜悯他们，而不是居功自喜。欢喜尚且不可，又怎么可以发火呢（上失其道，民散久矣，如得其情，哀矜勿喜；喜且不可，而况怒乎）？

这段话的深意是：当环境凶险，比如政治黑暗或天下大乱时，就会民不聊生，许多作恶的人其实都是被逼无奈，这个时候,作为执法者就绝不能照本宣科、冷酷无情地维护法律的尊严而彻底诛灭人的尊严。杨自惩说,那些被逼上梁山作恶的罪犯,我们不但不应该严厉惩罚他们,还要同情他们,因为如果是太平盛世,很少有人被逼作恶。他们之所以作恶,是被环境逼迫的。什么是行善?知道他人的不易,以悲悯心去对待,这就是大善。

至于谢迁的老爹保全了一万多无辜的生命,同样是对杨自惩那句话的践行。人必须要懂得他人的不易,体谅他人的艰难,才有可能感同身受,做到真心实意行善。否则,便只是蜻蜓点水地行善,纵有效果,也不深远。

4
大众化的善才是最大的善

原 文

莆田林氏，先世有老母好善，常作粉团施人，求取即与之，无倦色。一仙化为道人，每旦索食六七团。母日日与之，终三年如一日，乃知其诚也。因谓之曰："吾食汝三年粉团，何以报汝？府后有一地，葬之，子孙官爵，有一升麻子之数。"

其子依所点葬之，初世即有九人登第，累代簪缨[1]甚盛，福建有"无林不开榜"之谣。

冯琢庵[2]太史之父，为邑庠生。隆冬早起赴学，路遇一人，倒卧雪中，扪之，半僵矣。遂解己绵裘衣之，且扶归救苏。梦神告之曰："汝救人一命，出至诚心，吾遣韩琦[3]为汝子。"及生琢庵，遂名琦。

译 文

福建莆田的林家，祖辈中有位老太太喜欢做善事，经常做粉

---

[1] 簪缨：古代官员的冠饰，常借指高官或显贵。
[2] 冯琢庵（1558—1603）：名琦，号琢庵，山东临朐人，明万历五年（1577）进士。历任编修、侍讲、礼部右侍郎、礼部尚书等职。
[2] 韩琦（1008—1075）：相州安阳（今属河南）人，北宋政治家、军事家、词人，宋仁宗天圣五年（1027）进士，后与范仲淹、富弼等主持"庆历新政"，至仁宗末年拜相，经英宗至神宗执政三朝。神宗即位后，韩琦坚辞相位，连判永兴军、相州等地，上疏反对"熙宁变法"。

团施舍给穷人。只要有人向她要，她就给，而且没有丝毫厌烦的样子。有位仙人变作道士，每天早晨向她讨六七个粉团，老太太有求必应。仙人坚持了三年，老太太也坚持了三年。后来仙人确定了她做善事的诚心，就对她说："我吃了你三年的粉团，用什么报答你呢？这样吧，你家后面有块地，你死后若葬在那里，将来有官爵的子孙就会像一升麻子那样多。"

后来老太太去世，她的儿子依照仙人所说，把老太太安葬于那块地。第一代后人发科甲的就有九人。后来世世代代做大官的人非常多。因此，福建有"只要开榜，必有林家人"的说法。

太史冯琦的父亲当年在当秀才时，在一个冬天的早上起来上学，去学堂的路上遇到一个人倒在雪地里，用手摸了下，发现快要冻死了。于是冯老爷子立即把自己的棉衣皮袍脱下给对方穿上，并且还把他扶到家中，将其救醒。冯老先生救人后，就梦到一位神仙对他说："你救人一命，完全出自一片至诚，所以我要派韩琦投生到你家，做你的儿子。"等到后来儿子出生，就取名琦。

度阴山曰

两个故事如出一辙，都是因为帮助人而感动了上天，上天就派了个神仙降福给他。林家故事中的神仙居然坚持三年来试探老太太，风雨不改。

"救人一命，胜造七级浮屠"，这说明人命比佛塔要重。所以在善行中，花费巨资建造一座佛塔所得的福报远不如救人一命所得的多。

5 行善要主动

原文

台州应尚书，壮年习业于山中。夜鬼啸集，往往惊人，公不惧也。一夕闻鬼云："某妇以夫久客不归，翁姑逼其嫁人。明夜当缢死于此，吾得代矣。"

公潜卖田，得银四两。即伪作其夫之书，寄银还家；其父母见书，以手迹不类，疑之。

既而曰："书可假，银不可假，想儿无恙。"妇遂不嫁。其子后归，夫妇相保如初。

公又闻鬼语曰："我当得代，奈此秀才坏吾事。"

旁一鬼曰："尔何不祸之？"

曰："上帝以此人心好，命作阴德尚书矣，吾何得而祸之？"

应公因此益自努励，善日加修，德日加厚。遇岁饥，辄捐谷以赈之；遇亲戚有急，辄委曲维持；遇有横逆，辄反躬自责，怡然顺受。子孙登科第者，今累累也。

译文

浙江台州的应大猷尚书，年轻时在山中读书。夜里山中常有鬼聚集谈笑，很吓人，但是应大猷不怕。一天夜里，应大猷听一个鬼说:"有个妇人,因为丈夫出远门好久未归,她的公婆认为儿子已死,所以就逼这个妇人改嫁。但这个妇人坚决不肯,明晚她要在这里上吊,我可找到替身了。"

应大猷马上悄悄地把自己的田卖掉,得了四两银子,以那位妇女丈夫的名义写了封信给那家的人,并把银子随信附上。那家的父母看信后,觉得笔迹不像,所以怀疑。

但后来他们认为:"信是假的,可银子不是假的呀!儿子一定活着呢,可以平安归来。"于是不再逼媳妇改嫁。后来他们的儿子回来,这对夫妇团圆,幸福地生活在一起。

过段时间,应大猷又听到那个鬼说:"我本来有替身,却被这个秀才(应大猷)坏了好事。"

旁边一个鬼说:"你为什么不祸害他呢?"

那个鬼说:"上帝因为这个人心好,有阴德,已经暗中任命他为尚书了,我怎么能害他呢?"

应大猷听了这两个鬼所讲的话后就更加努力行善,功德与日俱增。遇到荒年,从不犹豫地捐粮救人;碰到亲戚有困难,一定会想方设法帮助人家渡过难关;碰到蛮不讲理的人和行为,就会反省,然后心平气和地接受事实。后来应大猷的子孙得到功名的,直到现在还很多呢!

度阴山曰

这是个鬼故事,中国古代的鬼故事非常多,文人似乎总是喜欢把道德劝诫借鬼神之口写出来,让民众敬畏。其实很多鬼故事都比人事更让人愉悦。比如应大猷遇到的那个鬼,嘴上没把门的,在大山中袒露他的秘密,被人听了去,结果自己的转世投胎计划泡汤。

　　人做一件好事不难，难的是一生都做好事。应大猷的工作已被安排，按理说只要不作恶就好，可他居然强烈要求进步，继续行善，终于给自己和家族积攒了无数福气。

　　人行善，必须眼观六路、耳听八方。你要主动去找哪里有人需要帮忙，而不是等着别人上门。要做个行善志愿者！

6 行善就是做力所能及的事

原文

常熟徐凤竹栻[①]，其父素富，偶遇年荒，先捐租以为同邑之倡，又分谷以赈贫乏，夜闻鬼唱于门曰："千不诳，万不诳；徐家秀才，做到了举人郎。"相续而呼，连夜不断。

是岁，凤竹果举于乡，其父因而益积德，孳孳[②]不息，修桥修路，斋僧接众，凡有利益，无不尽心。后又闻鬼唱于门曰："千不诳，万不诳；徐家举人，直做到都堂。"凤竹官终两浙巡抚。

嘉兴屠康僖[③]公，初为刑部主事，宿狱中，细询诸囚情状，得无辜者若干人，公不自以为功，密疏其事，以白堂官。后朝审，堂官摘其语，以讯诸囚，无不服者，释冤抑十余人。一时辇下[④]咸颂尚书之明。

公复禀曰："辇毂之下，尚多冤民，四海之广，兆民之众，岂无枉者？宜五年差一减刑官，核实而平反之。"

尚书为奏，允其议。时公亦差减刑之列，梦一神告之曰：

---

① 徐凤竹栻：徐栻（1519—1581），字世寅，号凤竹，明代常熟人。1547年进士，历任江西、浙江巡抚等职。
② 孳孳：同孜孜，勤勉努力。
③ 屠康僖：屠勋（1446—1516），字元勋，号东湖，谥康僖，浙江人。1469年进士，最高官职为刑部尚书。
④ 辇下：辇，天子的专车，辇下象征着京城。

"汝命无子，今减刑之议，深合天心，上帝赐汝三子，皆衣紫腰金。"是夕夫人有娠，后生应埙、应坤、应埈，皆显官。

译文

江苏常熟有个叫徐凤竹的人，他的父亲向来很富有。碰到荒年时，他的父亲就率先免去他应收的田租，作为全县其他人的榜样，再用他自家的粮食救济穷人。有天夜里，他听到有鬼在门口唱道："绝不说谎！徐家秀才，一定做举人！"鬼持续地呼叫，夜夜不停。

这一年，徐凤竹去参加乡试，果然中了举人。徐父非常高兴，更加努力地做善事，积功德；又修桥铺路，施斋饭供养出家人；凡是对别人有好处的事情，用尽心力去做。后来他又听到鬼在门前唱道："绝对不撒谎！徐家举人，做官直做到都堂！"结果徐凤竹后来做到了两浙巡抚。

浙江嘉兴有位叫屠勋的人，起初在刑部做主事，夜里就住在监狱。他总是对囚犯重审，结果发现一些被冤枉的人。屠勋没有自认为这是自己的功劳，而是秘密地把此事上报给了刑部尚书。后来朝审时，刑部尚书以屠先生提供的信息来审问那些囚犯。囚犯们没有一个不心服的。因此，尚书就将屈打成招的犯人释放，计有十余人。当时京城上下都称赞尚书明察秋毫。

后来屠勋又向尚书禀报说："天子脚下，尚且有那么多被冤枉的人，可想而知，全国该有多少！所以应该每五年派一位复核官，到各省去细查囚犯犯罪的实情，确实有罪的，定罪要公平；若是冤枉的，应该翻案重审，减轻罪责或者释放。"

刑部尚书就上奏皇帝，皇帝准了他的建议。在派到地方的复核官中,就有屠勋。有天晚上,屠公梦见天神对他说:"你命里本应无子,但因为你提出减刑的建议,正与天心相合,所以上帝赐给你三个儿子,将来都可以做大官。"当天晚上,屠公的夫人就有了身孕,后来生下了应埙、应坤、应埈三个儿子,果然都做了高官。

度阴山曰

两个例子说的是一回事:人应该在自己能力范围内多做善事,确切说,行善要量力而行。比如徐凤竹的老爹,他救济别人,是先把田租拿出来,然后才是原有财产的一部分。再比如屠勋,他的行善也是循序渐进的,先是在中央,然后是地方。

其实行善,就是做力所能及的事,有多大能力就行多大善,整个社会才能和谐美满。

7

善报来得很快

原文

　　嘉兴包凭,字信之,其父为池阳太守,生七子,凭最少,赘平湖袁氏,与吾父往来甚厚,博学高才,累举不第,留心二氏之学。

　　一日东游泖湖,偶至一村寺中,见观音像,淋漓露立,即解橐中十金,授主僧,令修屋宇,僧告以功大银少,不能竣事;复取松布四匹,检箧中衣七件与之,内纻褶,系新置,其仆请已之。

　　凭曰:"但得圣像无恙,吾虽裸裎何伤?"

　　僧垂泪曰:"舍银及衣布,犹非难事。只此一点心,如何易得。"

　　后功完,拉老父同游,宿寺中。公梦伽蓝①来谢曰:"汝子当享世禄矣。"后子汴,孙柽芳,皆登第,作显官。

　　嘉善支立之父,为刑房吏,有囚无辜陷重辟,意哀之,欲求其生。囚语其妻曰:"支公嘉意,愧无以报,明日延之下乡,汝以身事之,彼或肯用意,则我可生也。"其妻泣而听命。

　　及至,妻自出劝酒,具告以夫意。支不听,卒为尽力平反之。囚出狱,夫妻登门叩谢曰:"公如此厚德,晚世所稀,今

---

① 伽蓝:佛教寺院中的护法神。

无子，吾有弱女，送为箕帚妾①，此则礼之可通者。"支为备礼而纳之，生立，弱冠中魁，官至翰林孔目，立生高，高生禄，皆贡为学博。禄生大纶，登第。

译文

有个叫包凭的浙江嘉兴人，字信之。他的父亲是池阳太守，共有七个儿子，包凭最小。包凭后来被平湖姓袁的人家招赘做女婿，和我父亲常常往来，交情极深。他学问广博，才气高昂，但每次考试都不中。因此对佛教、道教的学问很是上心。

一日，他东去泖湖游玩，偶然进入乡村的佛寺，寺内房屋破败不堪，观世音菩萨的圣像露天而立，被雨淋湿，景象凄惨。当时他就打开随身携带的袋子，拿出十两银子给住持，叫他修理寺院房屋。住持却对他说，工程很大，这点银子不够用，难以完工。包凭又拿出松江出产的布四匹，再拣箱子里的七件衣服给住持。这七件衣服里，有新做的麻制外衣，他的仆人请求不要再送。

但他说："只要观世音菩萨的圣像能够安好，不被雨淋，我就是赤身裸体也无所谓。"

住持流泪说："施送银两和衣服布匹，还不是件难事，只是这一点诚心，却是不容易的。"

后来寺庙修完，包凭带他父亲来佛寺，晚上就住在寺中。那天晚上，包凭做了一个梦，梦到寺里的护法神来道谢："你的儿子可以享受官禄了。"后来他的儿子包汴、孙子包柽芳，都中了进士，做了高官。

浙江嘉善有一个叫支立的人，其父在刑房当小吏。有个囚犯被

---

① 箕帚妾：持箕帚的奴婢，比喻地位低下，借作妻妾之称。

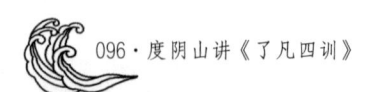

人冤枉陷害而判了死罪，支老爹很可怜他，想替他向长官求情，宽免他不死。囚犯晓得支老爹的好意后，就对他妻子说："支公的好意，我没法报答。明天你请他到家里，你嫁给他，他或者会感念这份情，那么我就可能有活命的机会了。"他妻子听后，哭着答应了。

第二天，支老爹到囚犯的家，囚犯的妻子亲自出来劝支老爹喝酒，并把她丈夫的意思都告诉了支老爹。但支老爹不同意，他还是尽了全力替这个囚犯把案子平反。后来，囚犯出狱，夫妻两个人一起到支老爹家中叩头拜谢说："您这样厚德的人，现在已很少见了。您没有儿子，我有一个女儿。我愿意把女儿送给您做扫地的小妾。这在情理上是可以说得通的。"支老爹认为可以，于是预备了礼物，把这个囚犯的女儿迎娶为妾，后来生了一个儿子叫支立，才二十岁就中了科举，官做到翰林院的文书。后来支立的儿子叫支高，支高的儿子叫支禄，他们都成了学官。而支禄的儿子叫支大纶，也中了进士。

度阴山曰

两个故事都极有味道。包凭是个上门女婿，应该过得还不错，所以逛寺院时随便就能拿出许多钱财来。我们在之前的故事中谈到过，救人一命胜造七级浮屠。包凭没有救人一命，而只是修缮了一座寺庙。他为什么也能迅速获得好报呢？文中的住持透露了天机，钱财虽不多，但那份哪怕自己赤身裸体也要为菩萨修庙的心意实在感人。可见，善不分大小，心诚才是关键。

第二个故事更有味道，支老爹做善事是不求回报的，但有时候你做了好事，不要回报，回报却会自己找上你。

无论是包凭的故事还是支老爹的故事，都说明一点：行善后的善报来得很快，就如春种一粒粟，秋收万颗子一样。

8 为善须穷理

原文

凡此十条，所行不同，同归于善而已。若复精而言之，则善有真，有假；有端，有曲；有阴，有阳；有是，有非；有偏，有正；有半，有满；有大，有小；有难，有易：皆当深辨。为善而不穷理，则自谓行持，岂知造孽，枉费苦心，无益也。

译文

以上这十个故事，主人公的行为虽然各不相同，但都属于善行。若要说再精细分类，那么行善有真的，有假的；有直的，有曲的；有阴的，有阳的；有是的，有不是的；有偏的，有正的；有一半的，有圆满的；有大的，有小的；有难的，有易的：都应该深入辨别。若是做善事，而不知道考究善的道理，那么自以为自己在修行，那就不是做善事，而是造孽。这样做就是白费苦心，毫无益处啊！

度阴山曰

欲要行善，须先知善。善本在我们每个人心中，它与生俱来。

但有很多善因我们内心的不真诚而变质,成为披着善的外衣的恶之魔鬼。我们不但要分辨别人的伪善,更应该分辨自己的善与伪善。积善者若不知善,就不能行善,即使行善,最后也可能变成恶。自以为积善,却成了积恶,这就是造孽了。

9 什么是善,什么是恶

原文

何谓真假?

昔有儒生数辈,谒中峰和尚①,问曰:"佛氏论善恶报应,如影随形。今某人善,而子孙不兴;某人恶,而家门隆盛:佛说无稽矣。"

中峰云:"凡情未涤,正眼②未开,认善为恶,指恶为善,往往有之。不憾己之是非颠倒,而反怨天之报应有差乎?"

众曰:"善恶何致相反?"

中峰令试言。

一人谓:"詈人殴人是恶,敬人礼人是善。"

中峰云:"未必然也。"

一人谓:"贪财妄取是恶,廉洁有守是善。"

中峰云:"未必然也。"

众人历言其状,中峰皆谓不然。因请问。

中峰告之曰:"有益于人,是善;有益于己,是恶。有益于人,则殴人、詈人皆善也;有益于己,则敬人、礼人皆恶也。是故人之行善,利人者公,公则为真;利己者私,私则为

---

① 中峰和尚:元代高僧明本,俗名孙中峰,浙江人。
② 正眼:正知、正见的眼睛。

假。又根心者真，袭迹者假。又无为而为者真，有为而为者假。皆当自考。"

译 文

什么是真善，什么又是假善呢？

曾经有读书人去拜见天目山的高僧中峰和尚，问他："佛家讲善恶的报应，如影子跟随身体一样，人到哪里，影子就到哪里，永不分离。这是说行善定有好报，造恶定有恶报，绝不会不报的。可为什么现在某人行善，他的子孙反而不兴旺？某人作恶，他的家反倒发达得很？佛说的报应，居然成了无稽之谈。"

中峰和尚回答："常人被世俗见解蒙蔽，自己灵明的心未洗除干净。因此正眼未开，把真善行反认为是恶的，却把真恶行反看成是善的，这是常有的事情。看错后居然不怪自己颠倒是非，反而抱怨天的报应错了，这是什么道理呢？"

众人又说："善就是善，恶就是恶，善恶怎会弄得相反？"

中峰和尚听后，便让他们把自己所认为是善的、恶的事都说出来。

其中一人说："骂人、打人是恶；尊敬人、以礼待人是善。"

中峰和尚回答："不一定。"

另一个人说："贪财、妄取是恶；廉洁、清清白白守正道，是善。"

中峰和尚说："不一定。"

每个人都把平时看到的自认为的种种善恶行为讲出来，但中峰和尚都说："不一定！"大家就向他请教。

中峰和尚对他们说："对别人有益的事情，是善；对自己有益的事情,是恶。做的事情如果使别人得到益处,即使是打人、骂人,也都是善;如果是有益于自己的事情,即使是尊敬人、以礼待人,也都是恶。所以一个人做的善事,使他人得到利益的就是公,公就是真;只想到自己要得到的利益,就是私,私就是假。从良心上所发出来的善行,是真;照例做做就算了的,是假。还有,为善不求报答,是真;为某一目的,企图有所得,是假。像这些道理,自己都要仔细地考察。"

度阴山曰

中峰和尚对善恶的标准是这样表述的:

第一,对别人有益就是善;对自己有益就是恶。简单而言则是,利他就是善,利己就是恶。如果是利他,即使手段不正当,也是善;如果是利己,手段再光明,也是恶。

第二,从良心产生的善行是善,例行公事的善行则是恶。

第三,不求报答的行为是善,有目的的善行也是恶。

10 什么是直，什么是曲

原文

何谓端曲①？

今人见谨愿之士，类称为善而取之；圣人则宁取狂狷②。至于谨愿之士，虽一乡皆好，而必以为德之贼③；是世人之善恶，分明与圣人相反。

推推此一端，种种取舍，无有不谬；天地鬼神之福善祸淫，皆与圣人同是非，而不与世俗同取舍。

凡欲积善，决不可徇耳目，惟从心源隐微处，默默洗涤，纯是济世之心，则为端；苟有一毫媚世之心，即为曲。纯是爱人之心，则为端；有一毫愤世之心，即为曲。纯是敬人之心，则为端；有一毫玩世之心，即为曲。皆当细辨。

---

① 端曲：端是直的意思，曲是不直的意思，所谓端曲，就是直曲之意，意为如何判断直曲。
② 狂狷：激进与洁身自守。语出《论语·子路》，子曰："不得中行而与之，必也狂狷乎！狂者进取，狷者有所不为也。"大意是，找不到行为合乎中庸的人而和他们交往，一定只能和勇于向前及洁身自好的人交往！勇于向前的人努力进取，洁身自好的人不会去做坏事！
③ 德之贼：败坏道德的人。语出《论语·阳货》，原句为："乡原，德之贼也。"所谓乡原，指的是貌似恭谨，实际与流俗合污的人。

译文

直、曲是什么意思呢？

今人看到诚实的人，都称他是善人，而且很看重他；但古时的圣贤，却是非常欣赏志向高远而又不肯乱来的人。至于那些诚实的人，虽然被大多数乡里人喜欢，可圣人却认为他是道德败坏的人；如此说，世俗人所谓的善恶观念，是和圣人截然相反的啊。

由此可知，世人对事物的种种肯定与否定，没有一件是没有差错的；天地鬼神庇佑善人报应恶人，他们和圣人的看法是一致的，圣贤以为是对的，天地鬼神也认为是对的；圣贤以为是错的，天地鬼神也认为是错的，二者和世俗人采取的看法大相径庭。

所以要积功德，绝不可以眼睛喜欢看就去看，耳朵喜欢听就去听，顺从这种贪心，就是大错；必须要从起心动念隐微处，将自己的心默默洗涤清净，不可让邪恶的念头污染了心。全是救济世人的心，是直；稍存一丝讨好世俗的心，就是曲；全是爱人的心，是直；稍有一丝愤世的心，就是曲；全是尊敬别人的心，就是直；稍有一丝玩世之心，就是曲。这些都应该细细分辨。

度阴山曰

佛家说，直心是道场。直心就是不虚伪、自然而然的心。比如只想着救济世人，只想着爱别人而没有任何目的，发自真心地尊敬别人，言谈举止永远露着真诚，从不虚伪，从没有讨好任何人和事物的心，就是直心。

凡是直心所为都是真正的善，凡是曲心所为皆非善。直心不是直来直去的心，而是一颗干净光明的心，它永远在我们起心动念处释放出最广大、最无私、最包容的能量，让那些虚伪、转弯的怀揣曲心的人自惭形秽、生无可恋。

11 阴德比阳善更得实惠

原文

何谓阴阳?

凡为善而人知之,则为阳善;为善而人不知,则为阴德。阴德,天报之;阳善,享世名。名,亦福也。名者,造物所忌;世之享盛名而实不副者,多有奇祸;人之无过咎而横被恶名者,子孙往往骤发,阴阳之际微矣哉。

译文

什么又叫阴阳呢?

一个人做了善事被人知道了,这就叫阳善;做善事而没被别人知道,这就叫阴德。有阴德的人,上天会知道并且回报他;有阳善的人,大家都晓得他、称赞他,他便享受世上的美名。好名声,当然是福。但名这个东西,为天地所忌,天地是不喜欢爱名之人的;名不副实者多有意想不到的横祸;一个没有过失差错却被冤枉而拥有恶名的人,其子孙常常会突然间发达起来。如此看来,阴和阳之间很微妙啊。

度阴山曰

阳善的阳是完全显露出来、被人所知的意思。行了阳善,大家都传颂你、夸奖你，佛家认为，你也就到此为止了，因为你所行的善的回报已经完成，被人传颂、被人夸奖就是你行善得到的善报。善报已完，再无其他善报。

而阴德则完全不同，阴德是你做的善事没人知道，你本人也不会告诉别人。别人不知道，就没人称颂你，如此你的善报就会以另外的形式出现。总之，阴德得到的福报要比阳善得到的福报更接地气、更实惠。

阳善不仅不如阴德的善报实惠，而且本身充满危险。第一，老天不喜欢名，既然不是天道所赐，那它就不一定是绝对的福报；第二，你有阴德，所得回报是老天给的，但你有阳善，所得回报（名气）却是其他人给的。由于其他人只是普通人，所以给你回报时难免不精准，甚至夸大其词，所以大多数名声在外的人都名不副实。名不副实后就会迅速走向反面，德不配位之下要么销声匿迹，要么身败名裂。

或许有人问，做了好事却不让人知道，行了善却遮遮掩掩，这善行得很憋屈啊。众所周知，人和人的境界是不同的，有人行善就是为了名，因为在他们心中，人生幸福的标准就是要有名气；而有些人行善，是为了让自身愉悦，行善就好像他吃肉、练瑜伽一样，本身就是快乐的。

袁了凡告诉我们，阴阳之际特别微妙，其实是告诉我们阳善和阴德模糊的分水岭在哪里。说来说去，还是说到了念头上，一念天堂，一念地狱啊！

12 行善要遵循的三大原则

原文

何谓是非？

鲁国之法，鲁人有赎人臣妾于诸侯，皆受金于府，子贡赎人而不受金。

孔子闻而恶之曰："赐失之矣。夫圣人举事，可以移风易俗，而教道可施于百姓，非独适己之行也。今鲁国富者寡而贫者众，受金则为不廉，何以相赎乎？自今以后，不复赎人于诸侯矣。"

子路拯人于溺，其人谢之以牛，子路受之。孔子喜曰："自今鲁国多拯人于溺矣。"

自俗眼观之，子贡不受金为优，子路之受牛为劣；孔子则取由而黜赐焉。乃知人之为善，不论现行而论流弊①；不论一时而论久远；不论一身而论天下。

现行虽善，其流足以害人；则似善而实非也；现行虽不善，而其流足以济人，则非善而实是也。然此就一节论之耳。他如非义之义，非礼之礼，非信之信，非慈之慈，皆当抉择。

---

① 流弊：相沿而成的弊端。

译文

什么叫作是非呢?

春秋时期的鲁国出台了一条法律,凡是被他国抓去做奴隶的鲁国人,如果有人肯出钱把他们赎回,就可以向官府领取赏金。孔子的学生子贡,虽然赎回了被抓去的人,却拒绝接受鲁国的赏金。

孔子得知后,非常不高兴地说:"子贡大错啊,圣贤无论做任何事,都是为了移风易俗,可以教训、引导百姓做好人,绝不仅仅是为了自己的爽快称心去做。现在鲁国富有的人少,穷苦的人多,如果接受赏金就算贪财,那么以后拿什么去赎人?如此一来,恐怕以后就不会再有人向诸侯赎人了。"

孔子的弟子子路看到一人落水,于是把他救上来。被救者送了一头牛来答谢子路,子路接受。孔子知道后很欣慰地说:"从今以后,鲁国就会有很多人主动到水中去救落水者了。"

用世俗的眼光看这两件事,子贡不接受赏金是对的,子路接受牛是错的。孔子却称赞错的子路,责备对的子贡。由此可知,一个人做善事,不能管眼前的行为,而要讲究是否对将来产生重大影响;不能论一时的影响,而要讲究长远的影响;不能论个人的得失,而要讲究它关系天下大众的影响。

现在所为看上去是善的,但如果流传下去,对人有害,那虽然像善,其实不是善;现在所行虽然不是善,但如果流传下去,能够帮助人,那虽然像不善,其实倒是善!这只不过是拿一件事情来讲讲罢了。说到其他种种,还有很多。比如看似不义的义举,看似不合乎礼数实际上却合乎礼数的举动,看似不讲信用实际上却合乎忠信原则的举动,看似缺乏慈爱实际上却大慈大悲的行为等，都应该加以辨别。

度阴山曰

行善是个动脑子的活儿，要想行善必须记住三大原则：不论现行而论流弊（看将来是否有弊端而不是当下的效果）；不论一时而论久远（看长久的影响而不看一时的成就）；不论一身而论天下（看大众是否受益而不是你个人是否受益）。

这三大原则，说白了就是行善要带脑子，眼光必须放长远。不能像子贡那样，为了自己一时爽，而毫不思考其行善所带来的流弊。

孔子赞赏子路而批评子贡，无非因为子贡做的事是大多数人做不到的，既然是大多数人做不到的，那这件事就不会在大众中流传，所以做了等于没做。更要命的是，子贡的所作所为还等于给了那些道德绑架的人武器，最终会产生极恶劣的影响。

子路做的事就大不同，子贡让人看到绝望，子路让人看到希望，子路用一个行为告诉了全天下人：行善可以和利润挂钩。

那么，问题就来了，如果行善时带着目的性，尤其是目的和利益直接相关时，这善还是"善"吗？应该是"非善"才对。袁了凡对此并未做出清晰的解释。其实有些时候，少谈些问题、多谈些实际才是真理。实际就是，当善和利润挂钩时，行善的可能性就会大大增加。行善的可能性大大增加，就是更大的利他，利他就是善。

13 好心办坏事 VS 坏心办好事

原文

何谓偏正？

昔吕文懿公①，初辞相位，归故里，海内仰之，如泰山北斗。有一乡人，醉而詈之，吕公不动，谓其仆曰："醉者勿与较也。"闭门谢之。逾年，其人犯死刑入狱。吕公始悔之曰："使当时稍与计较，送公家责治，可以小惩而大戒；吾当时只欲存心于厚，不谓养成其恶，以至于此。"此以善心而行恶事者也。

又有以恶心而行善事者。如某家大富，值岁荒，穷民白昼抢粟于市；告之县，县不理，穷民愈肆，遂私执而困辱之，众始定；不然，几乱矣。故善者为正，恶者为偏，人皆知之；其以善心行恶事者，正中偏也；以恶心而行善事者，偏中正也。不可不知也。

译文

什么是偏、正？

从前吕原刚刚辞掉宰相之职回乡后，百姓仍敬他如泰山北

---

① 吕文懿公：即吕原，字逢源，号介庵，今浙江嘉兴人。1442年进士，内阁大臣，谥号文懿。

斗。有一次，一个酒鬼把吕公骂了一顿，他没有因此发怒，而是对他的仆人说："不要与喝醉的人计较。"并且关了门来避开他。一年后，此人犯了死罪入狱，吕公才懊悔地说："倘当时稍与他计较，将他送官治罪，就可以起到小惩大戒之效，今日他可能就不至于此了。当时我心存厚道，不与他计较，不料却助长了他的恶行，弄巧成拙。"这就是存善心而做恶事的一个例子。

又有存恶心却做了善事的例子。某大富人，碰到荒年，穷人青天白日在市上抢米。大富人上告县官，县官却不受理，穷人愈加放肆横行。这大富人就私下把抢米的人捉住羞辱，情况才安定下来。如果不这样，就可能会酿成大乱。所以说："善是正，恶是偏。"人所共知。而以善心而行恶事，叫"正中之偏"；以恶心而行善事，叫"偏中之正"。这也应该知道啊！

度阴山曰

吕原说的"不要与喝醉的人计较"，在我们的人生中是不是常常听到？一个醉鬼在撒酒疯惹是生非时，很多人都像吕原一样，不和酒鬼一般见识。这种设身处地地替他人着想，对醉鬼的宽容让人悚然。

其实很多人不知道的是，撒酒疯的醉鬼根本就没醉，他撒酒疯不是酒的作用，而是其卑劣的个人品质决定的。

吕原好心办坏事的心理基础是，我们没必要和我们无法沟通的人（酒鬼神志不清）沟通，当对方处于劣势时，他就是弱者，体恤弱者是好心人的标志之一。

在我们身边有特别多类似的好心人，他们"善心"的思路也特别诡异。比如：他还是个孩子，大过年的，都不容易，来都来了，岁数大了……

至于"以恶心行善事",心根本就不是恶的,只不过手段是恶的,最终是希望自己和别人都好——正如故事中的富人,他既希望自己的粮食不要被抢走,也希望那些抢粮食的安分守己,结局是,他得偿所愿。

少些这样的善心,让这个世界更和谐。

14
三轮体空是行善的最高境界

原文

何谓半满？

《易》曰："善不积，不足以成名；恶不积，不足以灭身。"《书》曰："商罪贯盈。"如贮物于器，勤而积之，则满；懈而不积，则不满。此一说也。

昔有某氏女入寺，欲施而无财，止有钱二文，捐而与之，主席者亲为忏悔。及后入官富贵，携数千金入寺舍之，主僧惟令其徒回向而已。

因问曰："吾前施钱二文，师亲为忏悔，今施数千金，而师不回向，何也？"

曰："前者物虽薄，而施心甚真，非老僧亲忏，不足报德；今物虽厚，而施心不若前日之切，令人代忏足矣。"此千金为半，而二文为满也。

钟离授丹于吕祖，点铁为金，可以济世。

吕问曰："终变否？"

曰："五百年后，当复本质。"

吕曰："如此则害五百年后人矣，吾不愿为也。"

曰："修仙要积三千功行，汝此一言，三千功行已满矣。"

此又一说也。

又为善而心不着善，则随所成就，皆得圆满。心着于善，虽终身勤励，止于半善而已。譬如以财济人，内不见己，外不见人，中不见所施之物，是谓三轮体空①，是谓一心清净，则斗粟可以种无涯之福，一文可以消千劫之罪，倘此心未忘，虽黄金万镒，福不满也。此又一说也。

译文

什么叫半善、满善呢？

《易经》说："一个人不积善，不会成名；不积恶，则不会有杀身的大祸。"《尚书》说："商纣王恶贯满盈。"这就好像把东西装进容器一样，如果你很勤奋地去储积，那么终有一天会积满；如果懒惰些，不去收藏积存，那就不会满。这是半善、满善的一种说法。

从前有户人家的女子到佛寺里去，要送些钱给寺里，但她身上没有多少钱，只好把仅有的两文钱布施给和尚。虽然只是这点钱，但寺里的住持却亲自替她在佛前回向，求忏悔灭罪。后来这位女子进宫从而大富大贵，她又带了几千两的银子来寺里布施，但那位住持只叫他徒弟替那个女子回向罢了。

女子就问："我之前不过布施两文钱，师父就亲自替我忏悔。现在我布施了几千两银子，而师父不替我回向，这是什么道理？"

住持回答："从前布施的银子虽然少，但是你布施的心很真切，所以非我老和尚亲自替你忏悔，不能报答你布施的功德；现在布施的钱虽然多，但你布施的心不如以前真切，所以叫别人代

---

① 三轮体空：又称三轮清净。三轮，一般指能、所、物（法）。如以布施来说，施者、受施者、所施之物为三轮，三者不执着，就是三轮体空。

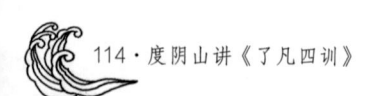

我为你忏悔，也就够了。"几千两银子的布施只算是半善，而两文钱的布施却算是满善，就是这个道理。

钟离把他的炼丹术传给吕洞宾，可以点铁成金救济世上的穷人。

吕洞宾问钟离："变成了黄金后的铁，会不会再变回铁？"

钟离回答："五百年后会。"

吕洞宾又说："那岂不是害了五百年以后的人，我不愿意做这样的事情。"

钟离就对他说："修仙要积满三千件功德，就你这一句话，三千件功德已经圆满了。"

这是半善、满善的又一种讲法。

一个人为善而不总想着为善这件事，那么所做的任何善事，都能够成功而且圆满。如果做了善事就把心挂在这件善事上，即使一生都很勤勉地做善事，也只不过是半善。比如拿钱去救济人，要做到内不见布施的我，外不见受布施的人，中不见布施的钱，这才叫作三轮体空，也叫作一心清净。如此，布施一斗米就可以种得无边无涯的福，布施一文钱就可以消除一千劫所造的罪。如果心不能忘掉所做的善事，即使施舍万两黄金，还是不能得到圆满的福。这又是半善、满善的一种说法。

度阴山曰

所谓"半善、满善"有三种说法：

第一种是，积善要足斤足两，否则不值一提。勤奋地积善，所得到的福报就大，这就是满善；懒惰地积善，所得到的福报就小，就是半善。

第二种"半善、满善"的说法是,有时候施舍时不看斤两足否,而是看你施舍时的心是否真切。如果心真切,不管你施舍了什么,都是满善;如果心不真切,不管你施舍了什么,都是半善。

"半善、满善"的第三种说法是"三轮体空":我空(内不见布施的我)、你空(外不见受布施的人)、物空(中不见布施的钱)。这是行善的最高境界:当施舍的我空时,不抱得希望回报之心,内心没有企盼则轻松;被施舍之人空时,不抱有轻慢心和傲心;物空时,就不会起贪心、惜心。

15 一念发动即是行

原文

何谓大小？

昔卫仲达为馆职，被摄至冥司，主者命吏呈善恶二录，比至，则恶录盈庭，其善录一轴，仅如箸而已。索秤称之，则盈庭者反轻，而如箸者反重。

仲达曰："某年未四十，安得过恶如是多乎？"

曰："一念不正即是，不待犯也。"

因问轴中所书何事，曰："朝廷尝兴大工，修三山石桥，君上疏谏之，此疏稿也。"

仲达曰："某虽言，朝廷不从，于事无补，而能有如是之力。"

曰："朝廷虽不从，君之一念，已在万民；向使听从，善力更大矣。"

故志在天下国家，则善虽少而大；苟在一身，虽多亦小。

译文

什么叫大善、小善呢？

从前有个叫卫仲达的人，在翰林院做官，有次他魂魄被鬼卒拉到阴间。阴间主审判官让手下把他的善事、恶事册子呈上。册子到后，他发现恶事册子多得摊满院子，而记录善事的册子却只有一小卷轴，像一支筷子那样细。主审官让手下称重量，想不到恶册子居然很轻，而像一支筷子那样小卷的善册子却很沉重。

卫仲达就问："我年纪未满四十，怎么会有这么多的罪恶呢？"

主审官说："只要一个念头不正就是罪恶，不必等到你去犯。"

卫仲达叹息地问善册中所记何事。主审官回答："皇帝有次想兴建大工程，修三山的石桥。你劝皇帝不要修，免得劳民伤财，里面记载的是你当初的奏章底稿。"

卫仲达说："我虽讲过，但皇帝未听，于事无补，这算什么善呢？"

主审官说："皇帝虽没听你的建议，但你这个念头，目的是要千万百姓免受劳动之苦，这就算善了。如果皇帝听了你的，那善的分量可就更大了！"

所以，一心想着为国为民，善事虽小，功德却大。如果是为了自己，那么善事虽然多，功德却很小。

度阴山曰

大善就是为人民服务，小善就是为自己服务。大善的人，心中有天地，有国家，有他人；小善的人，眼中只有自己，其所做的一切善都在为自己服务。

行为相同，念头不同，就是大善和小善的分水岭。一念发动即是行，故事中的主人公对这句话深有体会，念头是恶的，纵然没有变成现实，也算是恶；念头是善的，纵然没有变成现实，也算是善。你全部的善恶，都在念头中注定了。

16 行善从难处开始

原文

何谓难易?

先儒谓克己须从难克处克将去。夫子论为仁,亦曰先难。必如江西舒翁,舍二年仅得之束脩,代偿官银,而全人夫妇;与邯郸张翁,舍十年所积之钱,代完赎银,而活人妻子,皆所谓难舍处能舍也。

如镇江靳翁,虽年老无子,不忍以幼女为妾,而还之邻,此难忍处能忍也,故天降之福亦厚。

凡有财有势者,其立德皆易,易而不为,是为自暴。贫贱作福皆难,难而能为,斯可贵耳。

译文

什么叫难行的善和易行的善呢?

儒家大师们认为,克制私欲要从难除的地方除起。孔子论"仁"的问题时也认为,先要从难的地方下功夫。所以说,一定要像江西的那位舒老先生,把两年仅得的薪水全部拿出来帮助一户穷人,还了他们所欠公家的钱,而免除了他们夫妇被拆散的惨剧。也应该像河北邯郸的张老先生,他看到一个穷人把妻儿抵押,就拿出他十年积蓄替这个穷人赎回他的妻儿。这两位老先生都是在旁人不容易舍的地方断然舍了。

还有江苏镇江的一位靳老先生，虽然年老无子，却不忍心把穷人家的幼女当作小妾，就原路奉还，这是难忍处能忍！所以上天赐给这几位老先生的福，非常丰厚。

有财有势的人立功德比平常人容易很多，但是如果容易做不肯做，那就叫自暴自弃了。而无钱无势的穷人要行善修福，困难重重，难做到而能做到，这才是最可贵的啊！

度阴山曰

人在食色上的态度决定了他是什么样的人，特别是当食色匮乏时，能舍食色非一般庸人所能做到。

儒家说修行必须要从难处开始，这难处是有限的、可怜兮兮的食色。

有钱有势的人做善事，仅从舍的物上而言，不值一提，难易之分是在他的念头上。无钱无势的人做善事，仅从舍的物上而言，就是难行的，但他在念头上肯舍，就成了易行。

17 什么是与人为善?

原文

随缘济众,其类至繁,约言其纲,大约有十:第一,与人为善①;第二,爱敬存心;第三,成人之美;第四,劝人为善;第五,救人危急;第六,兴建大利;第七,舍财作福;第八,护持正法;第九,敬重尊长;第十,爱惜物命。

何谓与人为善?

昔舜在雷泽,见渔者皆取深潭厚泽,而老弱则渔于急流浅滩之中,恻然哀之,往而渔焉;见争者皆匿其过而不谈,见有让者,则揄扬而取法之。期年,皆以深潭厚泽相让矣。

夫以舜之明哲,岂不能出一言教众人哉?乃不以言教而以身转之,此良工苦心也。

吾辈处末世,勿以己之长而盖人,勿以己之善而形人,勿以己之多能而困人。收敛才智,若无若虚;见人过失,且涵容而掩覆之。一则令其可改,一则令其有所顾忌而不敢纵,见人有微长可取,小善可录,翻然舍己而从之,且为艳称而广述之。

---

① 与人为善:语出《孟子·公孙丑上》。原文为:"取诸人以为善,是与人为善者也。故君子莫大乎与人为善。"意思是,选取、学习别人的长处来完善修补自己的品德,这就是同别人一起行善。所以,君子没有比同别人一起行善更好的了。

凡日用间，发一言，行一事，全不为自己起念，全是为物立则，此大人天下为公之度也。

> ### 译文

随缘救济帮助他人的事情，种类很多，简要而言，大致有十种：第一，与人为善；第二，爱敬存心；第三，成人之美；第四，劝人为善；第五，救人危急；第六，兴建大利；第七，舍财作福；第八，护持正法；第九，敬重尊长；第十，爱惜物命。

什么叫与人为善呢？

从前，舜在雷泽边看见年轻力壮的渔夫都去潭深鱼多处抓鱼，而那些年老体弱的渔夫只能在水流得急而且水较浅的地方捉鱼。舜见到这种情形，很哀怜他们。于是他亲自去捉鱼，看见那些喜欢抢夺的人，对他们的过失避而不谈；看见那些比较谦让的渔夫，便到处称赞他们，拿他们做榜样，学习他们的谦让。如此，舜在捉了一年的鱼后，大家都把水深鱼多的地方让了出来。

以舜的聪明睿智，难道不能说句话来教导大家吗？这是因为他不用言语教导，而是以身作则来改变人们的思想和行为，这正是舜的用心良苦啊！

我们生在这个人心风俗败坏的时代，不能用自己的优势去遮盖别人，不要用自己的善行和别人相比，不要用自己的才能来难为别人。应该收敛自己的才智，让自己显得似乎没有什么才能一样。看到别人的过失，要能宽容并尽量帮他遮掩，一来给他机会让他改正，二来是让他有所顾忌而不敢放纵。看到别人的长处可取，善行可以记录，就要立刻放下身段来向对方学习，而且要大加称赞与宣扬。

在平常生活中，不论讲句话还是做件事，全不是为自己，而是要为社会大众树立典范，这才是一位伟大人物"天下为公"的气度。

度阴山曰

中国很多耳熟能详的成语或口头禅都是中国人智慧的结晶，比如"与人为善"这个词。与人为善的通俗解释是，选取、学习别人的长处，来完善、修补自己的品德。当你在完善、修补自己的品德时，又能帮助别人完善、修补品德，可谓一箭双雕。

比如舜捉鱼这件事，舜的发心是帮助年轻人培养美好品德，照顾老年人。这是帮助别人完善、修补品德。在这个过程中，舜也通过捉鱼这件艰辛的工作完成了对自己品德的一次洗礼。后来，那些年轻人终于在舜以身作则的示范作用下，拥有了照顾老人的美好品德。舜做到了与人为善。

要做到与人为善，先要知道与人为善的注意事项。那就是，一定要收敛自己的优势，让自己显得和大多数人一样；凡是看到别人的长处，一定要向人家学习；对他人的过失要宽容。

如果做不到这三点，那当你帮助别人培养好品德时，你就会受到对方的排斥。舜之所以能完善了捉鱼的年轻人的品德，就是因为他遵循了以上三条原则。他作为圣人，主动投入群体中，显得他和群体没有任何区别，在别人做了好事后，他大力宣扬并学习，对于犯了错误的人，不是就地正法，而是给予对方改正的机会。

18 爱与敬居住在我心中

原文

何谓爱敬存心？

君子与小人，就形迹观，常易相混，惟一点存心处，则善恶悬绝，判然如黑白之相反。故曰：君子所以异于人者，以其存心①也。君子所存之心，只是爱人敬人之心。

盖人有亲疏贵贱，有智愚贤不肖；万品不齐，皆吾同胞，皆吾一体，孰非当敬爱者？

爱敬众人，即是爱敬圣贤；能通众人之志，即是通圣贤之志。何者？圣贤之志，本欲斯世斯人，各得其所。吾合爱合敬，而安一世之人，即是为圣贤而安之也。

译文

什么叫爱敬存心呢？

君子和小人，从外在表现上去分辨常常容易混淆，只有一点存心，导致善恶相差悬殊，黑白分明。所以孟子说：君子和一般人之所以不同，就在于他们的存心。君子所存之心，只有爱人敬人的心。

---

① 存心：语出《孟子》，自觉存养人的先天道德本性，存有某种心思的意思，最通俗的说法就是居心。

人有亲近、疏远、高贵、低贱的分别，还有聪明、愚笨、贤良、败坏的分别，然而所有人的品质虽不相同，但都是我们的同胞，都与我们一体，哪个不应该被尊敬、爱护呢？

爱护并尊敬众人，就是爱护和尊敬圣贤；能够与众人心志相通，就是能通圣贤之人的心志。为什么这样说？圣贤之人的心志，本就希望世界上所有的人都各得其所。我们对这些人都爱护、尊敬，用这种方式来安定世界上的所有人，也就是在替圣贤来安定他们。

度阴山曰

孟子说，君子和一般人的本质区别在于存心，存心就是居心。有个词叫"居心不良"，这里的居心就是此意。居心可以理解为在心中存了什么，而"爱敬存心"说的则是：我的心中存了爱和敬，爱和敬居住在我心中。

爱他人是仁者的道德标配之一，尊敬他人是君子的道德标配之一。爱别人的人，别人也会爱他；尊敬别人的人，别人也会尊敬他。所以你心中只要居住了爱和敬这两位伟大的道德完人，你就能在帮助他人的道路上越走越远。

但倘若我们在爱敬他人时遇到敌意，该怎么办？比如我爱一个流氓，流氓揍了我一顿，此时我要不要还以老拳？孟子认为，应以仁存心，以礼存心。

是怀着以牙还牙之心，还是爱敬之心？如果是后者，那你就要进行爱敬三步走。

第一步，你好心好意爱他敬他，他居然抽你嘴巴，你先把没有被他抽的半张脸准备着，随时让他抽，然后反躬自省，我可能为了快速地爱他敬他,有点着急,给了他一种无礼的感觉,所以他才揍我,那我应该有礼些。

第二步,当你有礼些,他还是打了你另外半张脸,你继续反省:可能我的态度不真诚,爱敬不够浓烈,我要更加热情。

第三步,当你热情后,他还是揍你,你就不必再反省了,而是下个结论,此人是个禽兽,我不和禽兽一般见识。

19 成人之美有玄机

原文

何谓成人之美?

玉之在石,抵掷则瓦砾,追琢则圭璋①。故凡见人行一善事,或其人志可取而资可进,皆须诱掖而成就之。或为之奖借,或为之维持,或为白其诬而分其谤,务使成立而后已。

大抵人各恶其非类,乡人之善者少,不善者多。善人在俗,亦难自立。且豪杰铮铮,不甚修形迹,多易指摘。故善事常易败,而善人常得谤。惟仁人长者,匡直而辅翼之,其功德最宏。

译文

什么叫成人之美呢?

把一块藏有玉的石头丢弃,那玉石和瓦砾一样一文不值。倘若将之精雕细琢,就会成为贵重的圭璋了。人也一样,必须要靠教育和引导。所以凡是看到有人做了一件善事,或是此人的志向有可取的地方并且资质有进步的潜力,一定要引导和扶持从而极力成就他。或是夸赞鼓励,或是协助扶持,或是替他辩解冤屈,分担诽谤,总之一定要使他有所成就后才停止。

---

① 圭璋:两种贵重的玉器。圭,长条形,上尖下方。璋,形状像圭的一半。

一般而言，大多数人都厌恶那些与自己不同的人，乡下善良的人少而不善的人多，所以善人如果处在世俗之中，也难以自立。况且豪杰的性情都是刚正不屈，不注意礼法和规矩，总能被人轻易地找出毛病来。因此做好事反倒容易失败，好人也常常会受到毁谤。只有仁厚的长者去修正并辅佐善人的善行，这样才会有更多宏大的功德。

度阴山曰

"成人之美"四个字出自《论语》，原话是："君子成人之美，不成人之恶，小人反是。"意思是，君子成全别人的好事，而不促成别人的坏事，小人则与此相反。

"成人之美"并非单纯帮助他人完成愿望，而是帮别人达成美好善良的愿望。如果帮别人干坏事，那就是成人之恶。帮助一块藏在石中的玉跳脱出来，这叫成人之美；帮助朋友抢劫，这叫成人之恶。

成人之美的基础是，你自己必须是个有德行、有能力的人，只有这样的人才会总想着别人好，尽力为别人创造条件，成全别人的好事。当你帮助他人时，既让对方有所获得，自己又在情感上感到欢欣，这就是积德行善的好处。

20 未受他人苦，不劝他人善

原文

何谓劝人为善？

生为人类，孰无良心？世路役役，最易没溺。凡与人相处，当方便提撕，开其迷惑。譬犹长夜大梦，而令之一觉；譬犹久陷烦恼，而拔之清凉，为惠最溥。韩愈云："一时劝人以口，百世劝人以书。"较之与人为善，虽有形迹，然对症发药，时有奇效，不可废也；失言失人，当反吾智。

译文

什么是劝人为善？

只要是人，谁没有良心？但在红尘奔走追逐名利，极易沉迷堕落。因此，与人相处，应该在合适的时机指点提醒别人，解开他们的迷惑。譬如在漫漫梦境中，让他们醒来；再如有人长久地沉溺于烦恼之中，要把他拎到清凉自在的现实中来：这样做的恩惠最为广大。韩愈说过："短时间规劝别人要用口，百世劝人就要用书。"这种劝人为善的方法和与人为善相比较，虽然有过多的痕迹，但这是对症下药，常有神奇效果，所以不可废除。如果发生对不该说的人进行规劝和对该说的人没有规劝的情形，那就要反过来考察自己的智慧。

> 度阴山曰

与人为善是帮助他人向善,靠的是动手;劝人向善是劝说别人向善,靠的是耍嘴。与人为善是自导自演,劝人向善是只导不演。从形式上来看,劝人向善总有点好为人师的感觉,许多时候,会引起别人的反感。所以袁了凡敏锐地指出,劝人向善时应该在合适的时机指点提醒别人,而非不分时间、地点、人物,就滔滔不绝地劝人向善,这不但得不到别人的认可,反而会让人觉得你有病。

当然,劝人为善的第一戒就是"未经他人苦,莫劝他人善"。如果有人在生活中总以道德圣人自居,蹲在道德制高点上劝别人善良,遇到纠纷后不分是非,只以平息矛盾为主,劝说弱势一方宽容,那这种人就是典型的伪君子。

21 救急不救穷

原文

何谓救人危急?

患难颠沛,人所时有。偶一遇之,当如恫瘝①之在身,速为解救。或以一言伸其屈抑,或以多方济其颠连②。崔子曰:"惠不在大,赴人之急可也。"盖仁人之言哉。

译文

什么叫救人危急?

人人都会遇到患难或流离失所的情况。如果偶然遇到遭遇不幸的人,就应当像痛苦在自己身上一样,尽快将他解救出来。或者说一句话来为他申冤,或想方设法救济他的困苦。崔子说:"恩惠不在大小,只要能救人于危急就行了。"这真是仁者的话啊。

度阴山曰

遇到他人处在危急中时,施以援手,这一定是积德行善。对他人的恩惠不在于大小,而在于时机。

你把钱借给一个没有处在危急时刻的人,这就是救穷,只有

---

① 恫瘝:病痛、疾苦。
② 颠连:困顿不堪,困苦。

当你运气好时才会得到对方的感激,很大可能是当你向他要债时,才发现自己救的是只白眼狼。有人在危急时向你借钱,你的帮助就是雪中送炭,双方会皆大欢喜——你救了人而积德,对方则摆脱了危机。

同样一个行为,在不同的时机发生,所产生的效果大相径庭。

22 行善莫惧人言

原文

何谓兴建大利?

小而一乡之内,大而一邑之中,凡有利益,最宜兴建。或开渠导水,或筑堤防患;或修桥梁,以便行旅;或施茶饭,以济饥渴。随缘劝导,协力兴修,勿避嫌疑,勿辞劳怨。

译文

什么叫兴建大利呢?

小在一乡,大到一县,在有益于公众的事,最应该去做。或是开辟水道灌溉农田;或是建筑堤岸来预防水灾;或是修建桥梁以方便通行;或是施送茶饭,救济饥渴之人。遇到机会就劝导大家,同心协力,出钱出力做有益的事。不要为了避嫌疑就不去做,也不要怕辛苦,最好是任劳任怨。

度阴山曰

人类历史上,搞不定洪水的民族和国家全被洪水淘汰,所以说,洪水是人类的敌人,兴建大利就是要搞定这个敌人,它是人类善行中最大的善之一。开辟水道、建筑堤坝、修筑桥梁都是大善,至于施送茶饭、救济饥渴之人,也是行善积德。古代不发达时，修桥、铺路、治水是不需要审核的大善行。

第二段中最重要的是最后两句话——"勿避嫌疑，勿辞劳怨"，意思是，这些大善行是大家有目共睹的，所以给人的感觉是，行善的人可能是故意这样做，通过行善而希望得到点什么。袁了凡却告诉行这种善的人：你别管别人怎么说，听从你内心的声音，只管做去。这个世界上有些人就如键盘侠一样，嘴炮厉害，其他一无是处。

23 舍的是财，得的是福

> 原文

何谓舍财作福？

释门万行，以布施为先。所谓布施者，只是舍之一字耳。达者内舍六根①，外舍六尘②，一切所有，无不舍者。苟非能然，先从财上布施。世人以衣食为命，故财为最重。吾从而舍之，内以破吾之悭，外以济人之急；始而勉强，终则泰然，最可以荡涤私情，祛除执吝。

> 译文

什么叫作舍财作福呢？

佛门里万种善行，以布施为最重要。所谓布施，就只是一个舍字。明白道理的人，什么都肯舍，譬如六根、六尘，一个人的全部，没有不可以舍掉的东西。如果不能什么都舍，那就先从钱财上舍。世人靠穿衣吃饭维持生命，所以把钱财看得最重要。如果我能够痛快地施舍钱财，内可以破除我小气的毛病；外可救济别人的急难。舍钱财起初做起来会有些勉强，但只要舍惯了，自

---

① 六根：指眼、耳、鼻、舌、身、意。眼是视根，耳是听根，鼻是嗅根，舌是味根，身是触根，意是念虑之根。
② 六尘：指色、声、香、味、触、法。此六尘与六根相接，则染污净心。

然就无所谓,也就没有什么舍不得了。这种方法最容易消除自己的贪念私心,也可以除掉自己对钱财的执着与吝啬。

度阴山曰

袁了凡所说的最简单的舍(舍财),对大多数人而言最难。舍财不是贫穷之人所能做到的,贫穷之人也没必要非这样做。舍财的人必须先有多余的财才能舍。倘若没有多余的财,那就去行别的善,并非只有舍财这一条路可以走。

其实舍财,不是因为有了财才去舍,而是有了舍的心,才会去舍。

所以,舍财不是舍财,是舍去贪念。

24 护持正法，知行合一

原文

何谓护持正法①？

法者，万世生灵之眼目也。不有正法，何以参赞天地？何以裁成万物？何以脱尘离缚？何以经世出世？

故凡见圣贤庙貌，经书典籍，皆当敬重而修饬之。至于举扬正法，上报佛恩，尤当勉励。

译文

什么叫护持正法呢？

法是万世生灵的眼目。如果没有正法，怎么能依据天地的变化去创造事物呢？怎么能成就万物呢？怎么能脱出那种种的迷惑和束缚呢？怎么能治理国家、脱离这个污秽的世界呢？

所以凡是看到圣贤之像、经书典籍，都应该敬重并加以修补、整理。至于弘扬佛门正法，上报佛的恩德之事，这些都是更应该加以全力去实践的。

---

① 正法：释迦牟尼所说的教法，别于外道，意为正确的法则。

> 度阴山曰

圣贤的教法是圣贤高度智慧和无上品格的结晶，若要向古圣先贤学习并成为像他们一样的人，他们的教法是我们唯一的依凭。护持教法不仅要好好地爱护、保护它们，更要将它们和自己的行为合二为一。修补圣人图像、整理经典，其实是护持正法的最低层级，高层级是对正法的知行合一。

世间有太多修补圣贤图像、整理经典的善人。这类人中，有人是发自真心地护持，能用正法指导自己的实践活动，并在人生中不停践行正法。而有人只是看到别人这样去做，很是羡慕，凑热闹而已。更有人则是从前做了亏心事，现在希望得到正法的原谅和保护，所以来护持正法。

所以说，护持正法不一定是善行，先有和正法知行合一的心，护持正法才是善行。

25 忠孝是大善

原文

何谓敬重尊长？

家之父兄，国之君长，与凡年高、德高、位高、识高者，皆当加意奉事。

在家而奉侍父母，使深爱婉容，柔声下气，习以成性，便是和气格天之本。出而事君，行一事，毋谓君不知而自恣也。刑一人，毋谓君不知而作威也。事君如天，古人格论[1]，此等处最关阴德。试看忠孝之家，子孙未有不绵远而昌盛者，切须慎之。

译文

什么叫敬重尊长呢？

家里的父亲、兄长，国家的君王、长官，以及所有年纪、道德、职位、见识高的人，都应该格外虔诚地去敬重他们。

在家中侍奉父母，要有深爱父母的心与和顺的外表，更要讲究声要和、气要平，化习成性，这是和气可以感动天心的根本。而出门在外侍奉君王，每做一件事不要认为君王不知道，自己就乱来。给人定罪，不能以为君王不知道，就作威作福冤枉人！服侍君王，

---

① 格论：精当的言论，至理名言。

要像面对苍天一样恭敬,这是古人所说的至理名言,这些地方与阴德关系最大。试看,凡是忠孝人家的子孙,没有不发达久远而且前途兴旺的,所以一定要谨慎啊。

度阴山曰

敬重尊长这一行为的背后其实是儒家伦理的两根巨柱:忠和孝。尊长就是那些年纪、道德、职位、见识都比你高的人,在家的尊长是父亲、兄长,在外的尊长则是领导、各路可以做你老师的人。

其实"孝"本身就是一种谦下的品质。对自己的父母、兄长谦下,不仅是因为血缘关系的要求,还因为你在家尽孝是事上磨炼。当你在父母、兄长面前把自己磨炼得很谦虚、很谨慎,而形成不可改变的习惯后,你出门在外才会对比你年纪、道德、职位、见识都高的人谦下,才有机会用谦虚的精神学习到更多的人生智慧。这就是"移孝为忠""由内而外"的智慧,同时它也是一种人类美好的品格,更是一种善行。

敬重尊长是人的基本礼貌,能有这种礼貌,就是一种善行。

26 为何要爱惜物命

原文

何谓爱惜物命?

凡人之所以为人者,惟此恻隐之心而已;求仁者求此,积德者积此。《周礼》:"孟春之月,牺牲毋用牝。"孟子谓君子远庖厨,所以全吾恻隐之心也。故前辈有四不食之戒,谓闻杀不食,见杀不食,自养者不食,专为我杀者不食。学者未能断肉,且当从此戒之。

渐渐增进,慈心愈长,不特杀生当戒,蠢动含灵,皆为物命。求丝煮茧,锄地杀虫,念衣食之由来,皆杀彼以自活。故暴殄之孽,当与杀生等。至于手所误伤,足所误践者,不知其几,皆当委曲防之。古诗云:"爱鼠常留饭,怜蛾不点灯。"何其仁也!

善行无穷,不能殚述;由此十事而推广之,则万德可备矣。

译文

什么叫爱惜物命呢?

人之所以称为人,只是因为有恻隐之心;求仁的人只是求取这恻隐之心,积累德行的人也只是积攒这恻隐之心罢了。《周礼》主张："正月时祭祀，不要用母的动物。"孟子叮嘱君子要远离厨房，不过是保全我们的恻隐之心。所以古圣先贤规定不可吃四种动物的肉，被杀时的惨叫被我们听到的，不吃；被杀时的凄惨模样被我们看到的，不吃；自己养大的，不吃；特意为我杀的，不吃。诸位要学习古圣先贤的仁心，若不能马上断食荤腥，也要严格拒食以上四种动物的肉。

如果能循序渐进少吃肉，那么慈悲心就会不断增加。不仅仅要戒杀生，哪怕是蠕蠕爬动的虫子也是有灵性的，也都是有生命的，都不应该伤害它们。人类煮茧以求丝织衣，种田除虫以养人，我们穿的衣、吃的饭都是靠杀了它们的命而来。所以说，糟蹋粮食、浪费东西就等于在杀生。至于随手误伤的生命，脚下误踏而死的生命，数不胜数，这些都应该设法防止。宋朝的苏东坡有首诗说："爱鼠常留饭，怜蛾不点灯。"这是多么仁慈的行为啊！

善事是无穷无尽的，根本说不尽；只要把以上所说的十件事加以推广发扬，那么无数的功德，也算完备了。

度阴山曰

动物的肉中有人体所必需的蛋白质、脂肪和各种维生素等。人纯粹吃素固然可以，但长期吃素容易出现营养问题，主食摄入量偏多，优质蛋白缺乏等。

吃肉和吃素，是个人的选择。

第四章 谦德之效

作为中华民族传统美德,"谦"可谓出尽风头。你能在伟大人物那里听到"虚心使人进步"的告诫,也能听到"谦者众善之基"的格言。

在袁了凡这里,"谦"被赋予了神奇的功效。它已不仅是美德,也不仅是人生境界,它已成为我们立命的一个重要秘法,是我们改命的超级武器。

1 谦是无法破解的阳谋

原文

《易》曰:"天道亏盈而益谦,地道变盈而流谦,鬼神害盈而福谦,人道恶盈而好谦。"是故谦之一卦①,六爻皆吉。《书》曰:"满招损,谦受益。"予屡同诸公应试,每见寒士将达,必有一段谦光②可掬。

译文

《易经》说:"老天的规矩是亏损盈满而增益谦虚,大地的规矩是改变盈满而有益谦下,鬼神则是损害盈满而赐福谦让,人的心理是厌恶盈满而爱好谦虚。"所以,谦卦中的六爻都是吉利的。《尚书》说:"盈满会招来亏损,谦虚会收获益处。"我很多次和大家一起参加科举考试,每次见到贫寒学子要发达,肯定会先有一段谦虚的光辉散发出来。

---

① 谦之一卦:卦是《易经》中象征自然现象和人事变化的一套符号,它由阳爻和阴爻配合而成。谦卦是《易经》六十四卦之第十五卦,共有六爻,每一爻皆大吉:谦谦君子,用涉大川,吉;鸣谦,贞吉;劳谦,君子有终,吉;无不利,撝谦;不富以其邻,利用侵伐,无不利;鸣谦,利用行师,征邑国。
② 谦光:谦虚的光辉。

第四章 谦德之效·145

> 度阴山曰

谦的心法，主张人应该放下身段，以低姿态去迎接一切。人在低姿态时就不会成为别人嫉妒的靶子，即使再恶的人也不会主动攻击一个时刻谦虚的人。所以，谦本身就是一种无法被人破解的阳谋。也许很多人都知道你低姿态背后是实力，你放下的身段后面是排山倒海的能量，可你始终都保持着谦虚的状态，那你的敌人就无法找到进攻你的借口，也不太好意思进攻你，于是你永远都可安然无恙，便能立于不败之地。

谦其实是以退为进。当你谦虚、谦下时，如同敞开了人生的大门，让更多的善走进来，海纳百川。谦的反面是傲慢，傲慢就是闭关锁国、自以为是，永远不能进步。

中国人一直认为，谦是天人合一的表现之一，因为天地鬼神就是喜欢谦、帮助谦而讨厌自满的。天地鬼神如此，人也如此。没有人喜欢傲慢无礼的人，人们只喜欢那些彬彬有礼、平易近人、谦虚的人。

2 惟谦受福

原文

辛未计偕,我嘉善同袍凡十人,惟丁敬宇宾①,年最少,极其谦虚。

予告费锦坡曰:"此兄今年必第。"

费曰:"何以见之?"

予曰:"惟谦受福。兄看十人中,有恂恂款款,不敢先人,如敬宇者乎?有恭敬顺承,小心谦畏,如敬宇者乎?有受侮不答,闻谤不辩,如敬宇者乎?人能如此,即天地鬼神,犹将佑之,岂有不发者?"

及开榜,丁果中式。

译文

辛未年(1571),我到京城参加会试,和我一起去参加考试的嘉善同乡共有十人,只有丁敬宇最年轻,而且最谦虚。

我和同去的费锦坡说:"这位老兄,今年一定考中。"

费锦坡问我:"怎么说?"

我回答:"只有谦虚的人可以得到福报。你看我们十人中,有

---

① 丁敬宇宾:丁宾(1543—1633),字敬宇,1571年进士,最高职务为南京工部尚书。

在温和而诚实厚道、一切事情不抢人前上，比得上敬宇的吗？有在恭敬顺从、小心谦逊上，比得上敬宇的吗？有在受人侮辱而不理、听到毁谤而不去争辩上，比得上敬宇的吗？一个人能做到这样，就是天地鬼神都要保佑他，岂有不发达的道理？"

等到放榜，丁敬宇果然考中了。

度阴山曰

袁了凡通过修行立命，居然把自己锻造成一个半仙，他现在为别人算命，百算百中。

他通过对丁敬宇的"占卜"，发现对方在"谦"上有三个表现：一、诚实厚道，不敢在人之先；二、小心谨慎；三、对不好的言语无动于衷。

先来看第一点。诚实厚道是一种美德。王阳明曾说过，谦是众善之基。你如果谦虚而不是傲慢，自然会拥有诚实厚道的美德。不敢在人之先是老子教导的"不敢为天下先"，意思是不敢处于天下人的前面，即谦下。

再来看第二点，小心谨慎。小心谨慎的人往往给人畏首畏尾的印象。人往往有"照顾弱小"的心理，我们遇到弱小者时会不由自主地对其产生好感。许多拥有谦品质的人于是会得到更多人的喜欢和帮助，这就是谦的力量。

最后看第三点，人特别容易对诽谤和批评进行反击，但对于拥有谦品质的人来说，别人的诽谤和言语侮辱根本不是事。当有人骂你时，你如果在地面，那听得清清楚楚；你如果在云端，会认为他的叫骂是在和你打招呼。若想站得高，就必须用谦的力量使自己成长进步。

3
攻吾短者是吾师

原文

丁丑在京,与冯开之①同处,见其虚己敛容,大变其幼年之习。李霁岩直谅益友,时面攻其非,但见其平怀顺受,未尝有一言相报。予告之曰:"福有福始,祸有祸先,此心果谦,天必相之,兄今年决第矣。"已而果然。

赵裕峰②光远,山东冠县人,童年举于乡,久不第。其父为嘉善三尹,随之任。慕钱明吾,而执文见之。明吾悉抹其文,赵不惟不怒,且心服而速改焉。明年,遂登第。

壬辰岁,予入觐,晤夏建所,见其人气虚意下,谦光逼人,归而告友人曰:"凡天将发斯人也,未发其福,先发其慧③。此慧一发,则浮者自实,肆者自敛。建所温良若此,天启之矣。"及开榜,果中式。

译文

1577年,我在京师和冯开之住在一起,当时我见他总是虚心自谦,神色严肃,毫无小时候的习性。他有一位正直又诚实的朋

---

① 冯开之:名梦祯,字开之,浙江人,官至翰林院编修。
② 赵裕峰:即赵光远,字裕峰,山东冠县人,1589年进士。
③ 慧:聪明,佛教语则指的是破惑证真。

友李霁岩，经常当面指责他的错处，但他永远平心静气地接受，从不反驳。我告诉他："福一定有福的根苗；祸一定有祸的预兆。只要心能谦虚，上天定会帮他，老兄你今年必定能够登第了！"后来冯开之果然考中。

赵裕峰，名光远，是山东冠县人，很年轻就中了举人，但多次会试不中。他父亲在嘉善县担任主簿，裕峰随同他父亲上任。裕峰非常仰慕嘉善县名士钱明吾的学问，就拿自己的文章去见他，钱明吾毫不客气，竟然拿笔把他的文章涂掉。裕峰非但没发火，而且对评语心服口服，马上修改文章。第二年，裕峰考中进士。

1592年，我入京面圣，见到一位叫夏建所的读书人，他气质虚怀若谷，毫无骄傲的神气，而且他谦虚的光彩逼人。我回来对朋友说："上天要使一个人发达，在没有让他的福萌发时，一定先使他的智慧萌发，这种智慧一发，浮滑的人自然会变得诚实，放肆的人自然会自动收敛，夏建所他温和善良到如此地步，是已发智慧了，他的福气要到了。"等到放榜，建所果然高中。

度阴山曰

什么动物最谦虚？答案是牛，因为自己不能吹自己。谦虚是不吹牛，不把自己看得有多牛，能心平气和地接受别人真诚真实的批评，这不但是谦，更是智慧，因为攻我短者即我师。

真诚真实地指出我短处的人，不但是我的老师，还是我增长力量的来源。接受批评有个最重要的前提，你必须要有本事分辨对方意见客观真实与否。

谦的反面是傲，傲的人不会本分地扮演自己的角色，不会甘心好好做臣子，更不会好好做谦虚的学习者。

4 谦虚可以改命

> **原　文**

江阴张畏岩，积学工文，有声艺林。甲午，南京乡试，寓一寺中，揭晓无名，大骂试官，以为眯目。时有一道者，在傍微笑，张遽移怒道者。道者曰："相公文必不佳。"

张益怒曰："汝不见我文，乌知不佳？"

道者曰："闻作文，贵心气和平，今听公骂詈，不平甚矣，文安得工？"

张不觉屈服，因就而请教焉。

道者曰："中全要命；命不该中，文虽工，无益也。须自己做个转变。"

张曰："既是命，如何转变？"

道者曰："造命者天，立命者我。力行善事，广积阴德，何福不可求哉？"

张曰："我贫士，何能为？"

道者曰："善事阴功，皆由心造。常存此心，功德无量。且如谦虚一节，并不费钱，你如何不自反而骂试官乎？"

张由此折节自持，善日加修，德日加厚。丁酉，梦至一高房，得试录一册，中多缺行。问旁人，曰："此今科试录。"

问："何多缺名？"

曰："科第阴间三年一考较，须积德无咎者，方有名。如前所缺，皆系旧该中式，因新有薄行而去之者也。"

后指一行云："汝三年来，持身颇慎，或当补此，幸自爱。"是科果中一百五名。

译文

江阴人张畏岩学问极深，文章做得也不错，在读书人中极有名声。1594 年，他参加南京的乡试，借住在一处寺院中，放榜时发现没有自己的名字，他不服气，大骂考官有眼无珠。当时一个道士在旁微笑，张畏岩就把怒火发到道士身上。道士说："你的文章一定不好。"

张畏岩大怒说："你没有看到我的文章，怎么知道我写得不好？"

道士回答："我常听人说，做文章最要紧的是心平气和，现在听到你大骂考官，说明你的心非常不平，气也太暴，你的文章怎么会好呢？"

张畏岩不觉屈服，于是向道士请教。

道士说："要考中科举，全要靠命，命里不该中，文章虽好，仍不会考中，一定要你自己改变才行。"

张畏岩问："既然是命，怎能改变？"

道士说："造命的权，虽然在天，立命的权，却在你手；只要你肯尽力做善事，多积阴德，什么福不可求得呢？"

张畏岩又问："我一个穷读书人，能做些什么善事呢？"

道士解释说："行善事，积阴功，都是从这个心做出的。只要常常存做善事、积阴功的心，功德就无量无边了。就像谦虚这种品质，又不用花钱，你为什么不反省自己功夫太浅，不能谦虚，反而要骂考官不公平呢？"

张畏岩听了道士的话，从此改变自己的态度，把持自己，天天用功去修善，天天用功积德。1597年的某天，他梦到自己走进一座高大的房子，看到一本考试录取的名册，中间有许多缺行。他看不懂，就问旁边的人。那人告诉他："这是今年考试录取的名册。"

张畏岩就问："为什么名册内有许多缺行？"

那人又回答："阴间对那些考试的人，三年考查一次。只有积德、没有过错的人的名字才会在册中出现。名册前面的缺额，都是本该考中，却因为他们最近有了过错，才缺少了名字的。"

后来，那个人就指着上面某处说："你三年来，很谨慎小心地把持自己，没犯过错，或许应该补上这个空缺了，希望你珍重自爱，勿犯过失！"果然张畏岩就在这次考试中，考中了第一百零五名。

度阴山曰

这个故事其实告诉了我们一个道理：谦虚也能改命！

制造我们命运的是天，但改造命运的则是我们自己，改造命运的方法是行善。在张畏岩和大多数人的印象中，行善需要实力。如果我们生活捉襟见肘，哪有救济他人的能力和善行呢？

故事中的老道士不这样认为。他说，人完全可以通过谦来行善，只要行善积累了阴德，就可以改变命运。

为何会把谦当成阴德呢？因为谦虚的人往往都可以把持自己，能自律，几乎不需要外部约束就能做到自我管理，这样的人行走世间，只会给他人带来益处，而不会打扰和侵犯他人。所以，谦就是一种阴德。

　　如果我们没有能力去行善，那最大的善就是谦，它可能比做慈善的德还要深厚，因为做慈善是欲让人知的明德，而谦是不让人知的阴德。

5 为善去恶，就能趋吉避凶

原文

由此观之，举头三尺，决有神明；趋吉避凶，断然由我。须使我存心制行，毫不得罪于天地鬼神，而虚心屈己，使天地鬼神，时时怜我，方有受福之基。彼气盈者，必非远器，纵发亦无受用。稍有识见之士，必不忍自狭其量，而自拒其福也。况谦则受教有地，而取善无穷，尤修业者所必不可少者也。

译文

由此可见，举头三尺处定有神明在；趋吉避凶，则可由自己来决定。只要我约束一切行为，不得罪天地鬼神，虚心自谦，让天地鬼神时时怜爱我，完全可以拥有受福的根基。那些傲气十足的人，一定没有大的气量，即使能发达也不能享受福报。稍有见识的人，绝不忍心成为心胸狭窄的人，而拒绝可以得到的福。谦虚的人才有受到他人教导的机会，从而受益无穷，这是那些读书人尤其不可缺少的。

度阴山曰

人如何能驱鬼役神呢？你做了亏心事，鬼才来；你做了好事，神仙来。如此，你只要做好事不做坏事，那来的就是神，鬼绝不敢来。我们总讲趋吉避凶，有人寄托于半仙，希望能预知吉凶。其实你完全可以操控吉凶的，行善就能带来吉，作恶就会带来凶。如此，你只要为善去恶，就能驱鬼役神，就能趋吉避凶。

6 诚就是谦

原文

古语云:"有志于功名者,必得功名;有志于富贵者,必得富贵。"人之有志,如树之有根,立定此志,须念念谦虚,尘尘方便,自然感动天地,而造福由我。

今之求登科第者,初未尝有真志,不过一时意兴耳;兴到则求,兴阑则止。孟子曰:"王之好乐甚,齐其庶几乎?"予于科名亦然。

译文

古话说:"有志向求取功名的,一定得到功名;有志向求取富贵的,一定得到富贵。"人有远大志向,如大树有深根,立此伟大志向后,必须每个念头都要谦虚,哪怕碰到像灰尘一样的小事,也要给人方便,能如此,自然会感动天地,而造福全在我自己。

现在求取功名的人,当初根本没有真志,不过一时兴致而已;兴致来了就去求,兴致退了就停止。孟子对庄暴说:"大王如果真喜欢音乐,那么齐国治理得也就差不多了。"我对于科举功名也是这样看的。

【度阴山曰】

一棵参天大树在扎根时绝不会三心二意，而是踏踏实实、用尽全力，扎得越深越好。它立志真诚地扎根，就已注定它将来会高耸入云。这是志向坚定的神奇，更是真诚的奇迹。

这个世界上没有难事，只怕有心人。具有志向的人，无论遭遇多大挫折都不会放弃，他们志向坚定，并坚信上天不负真心人。世界上最无功的事就是浅尝辄止和三分钟热度，三分钟内有兴趣就去做，三分钟后没有了兴趣就不做，这是最典型的不真诚，对自己和世界的不负责。

激发个人成长

多年以来,千千万万有经验的读者,都会定期查看熊猫君家的最新书目,挑选满足自己成长需求的新书。

读客图书以"激发个人成长"为使命,在以下三个方面为您精选优质图书:

1. 精神成长

熊猫君家精彩绝伦的小说文库和人文类图书,帮助你成为永远充满梦想、勇气和爱的人!

2. 知识结构成长

熊猫君家的历史类、社科类图书,帮助你了解从宇宙诞生、文明演变直至今日世界之形成的方方面面。

3. 工作技能成长

熊猫君家的经管类、家教类图书,指引你更好地工作、更有效率地生活,减少人生中的烦恼。

每一本读客图书都轻松好读,精彩绝伦,充满无穷阅读乐趣!

认准读客熊猫

读客所有图书,在书脊、腰封、封底和前后勒口都有"读客熊猫"标志。

两步帮你快速找到读客图书

1. 找读客熊猫

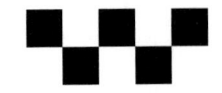

2. 找黑白格子

马上扫二维码,关注"**熊猫君**"

和千万读者一起成长吧!